U0069740

愛上奶昔

黃淑馨 著

別讓您的健康睡著了

　　在一個偶然的機會看到住家附近開了一間佈置簡單明亮又溫馨的營養早餐店，不由自主地坐下品嚐，其中一杯香濃的奶昔深深吸引我，也因為這杯奶昔改變了我的健康及飲食習慣，更觸動我放棄二十五年的醫療工作，盡心推廣健康飲食概念，透過多變化的口味又能達到養生的奶昔，與需要健康的人分享。

　　58 杯五彩繽紛的活力奶昔，每杯均富有均衡的營養元素，僅透過簡易食材及稍許時間即能調出一杯美味香甜又可口之營養奶昔，以利現代人在繁忙生活中也能享有均衡的營養。每天享受來自大自然的營養美味，帶給您清新活力的一天！

　　每杯均經過作者細心的調理與品味，多樣化的口味，不同的口感，符合每位樂活族的味蕾。

　　養生創意奶昔，是教你如何照顧自己的健康之外，更別忘了每天為心愛的家人準備一份均衡健康餐。只要您願意遵循，即將讓您同時擁有健康、美麗及曼妙的身材！奶昔百變身，裝進肚子變健康，用心品嚐創意奶昔，享胖，享瘦，享健康。

E-mail：ywj4921@ms1.hinet.net

電話諮詢：0970-690-867

Line：susi4952

黃沛馨

營養蛋白混合飲料介紹

是一種高品質、高營養、不含飽和脂肪的天然植物性營養蛋白混合飲料，包括 9 種每天所需而人體無法自製的氨基酸。

含有人體必需的各項養分：蛋白質、碳水化合物、不飽和脂肪酸、維他命、礦物質、纖維素、和專利的蛋白質消化酵素，能促進蛋白質的吸收，幫助您產生飽足感和充沛的活力。營養蛋白提供人體細胞 200 種以上均衡營養素，包含 21 種維生素和礦物質，符合防癌飲食五低一高（低熱量、低動物性蛋白、低脂肪、低糖、低鹽、高纖維）。

當我們飲用「營養蛋白混合飲料」時，人體對蛋白質的需求獲得充份供應，而對脂肪及碳水化合物之熱量吸收減低時，人體就會利用多餘的脂肪組織以製造能量，而不會消耗蛋白質組織。

書中介紹多款奶昔飲品，若手邊沒有草莓奶昔、香草奶昔、巧克力奶昔等，可由優格、無糖豆漿、養樂多等飲品，只要 3 分鐘，創意混搭成最時髦，營養健康口味多的飲料。

Contents

Ⅱ 營養蛋白混合飲料巧餅口味

Ⅲ 營養蛋白混合飲料薄荷巧克力口味

蘋果

蘋果的果肉除了含有水分、維生素、礦物質等營養素外，尚有果膠，可以吸收腸內水分以增加糞便的體積，所含的鞣酸及有機酸等具有收斂的功能，這些成分有助於改善輕度的腹瀉。

營養成分 / 每100g	量	營養分析
熱量（卡）	50	蘋果富含維生素 C、維生素 E 和 β 胡蘿蔔素，可以降低體內不好的膽固醇，有效的預防心臟病和癌症。蘋果更是天然的整腸藥，能夠強健孩子腸胃功能。
水分（克）	86.0	
維生素 A（IU）	13	
維生素 C（毫克）	2.1	
鉀（毫克）	100	
纖維質（克）	1.6	

芒果

含有豐富的維他命 A、維他命 C、礦物質類，其中含鉀量最為豐富。可用來預防癌症及抑制動脈硬化、高血壓等。

營養成分 / 每100g	量	營養成分 / 每100g	量
熱量（卡）	66	菸鹼酸（毫克）	1.1
水分（克）	81.7	蛋白質（克）	0.7
維生素 A（IU）	4800	鈣（毫克）	10
維生素 C（毫克）	35	鐵（毫克）	0.4
鉀（毫克）	189	鎂（毫克）	18
纖維質（克）	0.4	磷（毫克）	13
β 胡蘿蔔素（毫克）	400	纖維（克）	0.9
醣類（克）	16.8	鈉（毫克）	7
維他命 B_1（毫克）	0.05	B_2（毫克）	0.5

酪梨

富含植物性脂肪及多量的蛋白質、胡蘿蔔素、維他命 C、E、B_1、B_2、B_6 及纖維、礦物質、不飽和脂肪酸等，並含少量的飽和脂肪酸與鈉鹽；美國加州酪梨委員會指出，酪梨中所含之單元不飽和脂肪可取代飽和脂肪而降低血液中膽固醇含量，因而可以預防心臟血管疾病；且具有抗氧化作用而延緩人體老化、預防中風。

營養成分 / 每 100g	量	營養成分 / 每 100g	量
熱量（卡）	126	維生素 B_2（毫克）	0.12
水分（克）	81	維生素 B_1（毫克）	0.06
脂肪（克）	10	維生素 B_6（毫克）	0.36
維生素 C(毫克)	17	維生素 E(毫克)	3.2
醣類（克）	2.7	蛋白質（克）	2.2
纖維質（克）	0.2		

檸檬

是一種鹼性水果。除了橘酸與檸檬酸外，檸檬含有豐富的鹼性成分物質，如黃酮素、檸檬烯，維生素 A、B、C 及礦物質、鉀、鈣、磷、鐵等。

營養成分 / 每 100g	量	營養成分 / 每 100g	量
熱量（卡）	35	鐵（毫克）	0.2
蛋白質（克）	0.5	鉀（毫克）	141
脂肪（克）	0.2	維生素 C（毫克）	46
醣類（克）	8.0	維生素 B_1（毫克）	0.06
鈣（毫克）	7.0	維生素 B_2（毫克）	0.02
磷（毫克）	10.0	維生素 E(毫克)	0.04

檸檬富含維他命 C、有助於抑制皮脂的分泌，增加皮膚抵抗力、收縮毛孔使肌膚保持彈性、消除痘痘；維他命 C 也能幫助肌膚抵抗紫外線還可防止黑色素的堆積，避免產生雀斑及幫助美白。

奇異果

含蛋白質、脂肪、糖、鈣、磷、鐵、鎂、鈉、鉀、硫及胡蘿蔔素等。

1. 預防癌症。　　2. 調節腸胃。　　3. 心臟保健。
4. 強化免疫系統。 5. 有助強壯骨骼。 6. 穩定情緒。

營養成分 / 每 100g	量	營養成分 / 每 100g	量
水分（克）	53	鐵（毫克）	0.3
蛋白質（克）	0.5	鉀（毫克）	290
脂肪（克）	0.2	維生素 C(毫克)	87
醣類（克）	8.0	維生素 B_1(毫克)	40
鈣（毫克）	7.0	維生素 B_2(毫克)	0.01
磷（毫克）	10.0	維生素 A(IU)	16.7
奇異果營養豐富，含有蛋白質、脂肪、糖、鈣、磷、鐵、鎂、鈉、鉀、硫及胡蘿蔔素等。			

棗子

維生素 C 及鉀離子含量高，彌足珍貴。利便秘、秘尿，但是空腹時或腹瀉者不宜多吃。棗子富含果糖、纖維質，尤其維生素 C 的含量是西瓜的 5 倍，水梨的 9 倍，蘋果的 20 倍，堪稱為「維生素 C 果」。現代醫學證實棗子可降低膽固醇，提高人體免疫功能，能促進食慾、健胃等功效。具有促進血液循環、抗氧化、增加人體免疫力，常吃能益胃生津、養顏美容、抗衰老、預防牙齦出血及壞血病。

營養成分 / 每 100g	量	營養成分 / 每 100g	量
熱量（卡）	60	脂肪（克）	0.2
水分（克）	85.3	醣類（克）	10.1
蛋白質（克）	0.2	纖維質（毫克）	0.7

芭樂

營養價值為果品之冠，種子中鐵的含量為熱帶水果之最，所以最好能一起吃下去。果皮可治糖尿病。芭樂的營養價值非常高，維他命 C 是柑桔的 8 倍，香蕉、鳳梨、蕃茄、西瓜的 30 ~ 80 倍。另外又含鉀、鎂、磷等礦物質。

營養成分 / 每 100g	量	營養分析
熱量（卡）	38	芭樂是相當良好的維生素 C 來源，可以增加孩子的抵抗力，預防癌症發生，更是一種天然的鎮定劑，能夠幫助孩子對抗壓力，減少焦慮和不安的情緒。
水分（克）	89.0	
維生素 A（IU）	50	
維生素 C（毫克）	81.0	
鉀（毫克）	150	
纖維質（克）	3.0	

哈蜜瓜

含豐富的醣類、維生素 A、C、胡蘿蔔素、硫胺素等，具消暑、解渴、利尿之助，可用於熱暑引起之食慾不振、胸膈鬱悶、小便不利等，是夏季清涼、養顏美容，又能補充電解質的水果。

營養成分 / 每 100g	量	營養成分 / 每 100g	量
熱量（卡）	31	纖維（毫克）	0.4
水分（克）	91	維生素 B$_1$（毫克）	0.03
維生素 A(IU)	118.3	維生素 B$_2$（毫克）	2.0
維生素 C(毫克)	20	維生素 B$_6$（毫克）	0.03
鉀（毫克）	200	鈉（毫克）	23
纖維質（克）	0.4	鈣（毫克）	14
蛋白質（克）	0.7	鎂（毫克）	13
脂肪（克）	0.2	磷（毫克）	14
醣類（克）	7.6	鐵（毫克）	0.2

甜柿

富含 β- 胡蘿蔔素、維生素 A 及 C，並含有豐富的鉀、磷、鐵等礦物質。

營養成分 / 每100g	量	營養成分 / 每100g	量
熱量（卡）	51	菸鹼素（毫克）	0.05
水分（克）	82.5	鐵（毫克）	1.2
維生素 A（IU）	1348	磷（毫克）	19
維生素 C（毫克）	79	β- 胡蘿蔔素（毫克）	780
鉀（毫克）	150	鈣（毫克）	9
纖維質（克）	1.3		

柳丁

含有膳食纖維、維他命 A、B、C、蘋果酸等。其豐富的維他命 C，具有保護細胞，增強白血球活性的功效。

營養成分 / 每100g	量	營養分析
熱量（卡）	43	柳橙含有大量的維生素 C、鋅和葉酸，可以幫助孩子開胃整腸、加速傷口癒合，有效地預防感冒與壞血病。此外，還能協助鈣質、鐵質的吸收，有助於成長發育。
水分（克）	88	
維生素 A（IU）	0	
維生素 C（毫克）	38	
鉀（毫克）	120	
纖維質（克）	2.3	

水梨

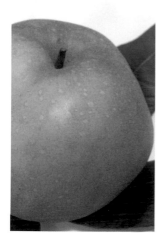

梨的含水量高達 89.3%，是一種天然優質的飲料。含有醣類、蛋白質、脂肪、鈣、磷、鐵及維他命 A 和 C 等多種營養成分。有促進大腸代謝的作用，不用擔心食用後會囤積能量或熱量，沒有發胖的疑慮。還具有促進胃酸分泌、幫助消化和增進食慾的作用。

營養成分 / 每 100g	量	營養成分 / 每 100g	量
水分（克）	89.3	磷（毫克）	6
蛋白質（克）	0.1	胡蘿蔔素（毫克）	0.01
醣類（克）	9	纖維（克）	1.3
熱量（卡）	37	核黃素（毫克）	0.1
鈣（毫克）	5	抗壞血酸（毫克）	4

鳳梨

屬黃色食物的水果，在健康價值上有抗氧化功能，含維他命 C、E、B_1 等抗氧化物質，菠蘿的纖維有不溶性纖維素，不溶於水，在腸道中可以吸收水分，使腸蠕動正常滑潤。另有水溶性食物纖維的果膠，能溶於水，滑溜溜的黏性，可增加腸內有益菌活動及排便順暢，減少致癌物質和腸壁接觸時間。有豐富的維他命 B_1 和檸檬酸，促進新陳代謝，恢復疲勞和增加食慾。鳳梨中的維他命 C 不受高溫破壞，飯後吃鳳梨維他命 C 助吸收，對需鐵的人有益。

營養成分 / 每 100g	量	營養成分 / 每 100g	量
熱量（卡）	46	維生素 C(毫克）	9.0
水分（克）	87	鉀（毫克）	40
維生素 A(IU)	17	纖維質（克）	1.4

鳳梨有豐富的維生素 C、鉀、錳和纖維質，可以幫助消化，還能促進鈣質吸收，有強化骨質的效果；而豐富的蛋白酵素可以促進組織復元，幫助治療瘀腫、扭傷。

木瓜

含有多種醣類、維他命、木瓜鹼、木瓜蛋白酶,能使蛋白質與脂肪易於消化吸收。由於木瓜酵素多,營養豐富,每日需要量不可過多,以免影響消化系統負擔,腸蠕動及排泄增加。

營養成分 / 每 100g	量	營養成分 / 每 100g	量
熱量(卡)	52	維生素 C(毫克)	74
水分(克)	85	鉀(毫克)	220
維生素 A(IU)	134	纖維質(克)	1.7
木瓜含有大量維生素 A 和 C、鈣、磷及纖維素,可以保護眼睛,有助於腸胃功能。此外,木瓜的蛋白分解酵素、番瓜素,可以幫助消化,分解多餘的脂肪。			

西瓜

屬弱鹼性食物,可提升免疫力,其纖維、果膠與木質纖維豐富,有利腸胃蠕動。瓜皮與瓜子亦具營養成份,皮白肉部含豐富維他命 C 及珍貴化合物。搭配醣體、枸杞鹼、菸鹼酸和稀有元素鋅。許多書籍皆記載西瓜頗具開胃、助消化、止乾渴、去暑、利尿、促進代謝、滋養身體之功效。

營養成分 / 每 100g	量	營養成分 / 每 100g	量
熱量(卡)	25	維生素 C(毫克)	8.0
水分(克)	93	鉀(毫克)	100
維生素 A(IU)	418	纖維質(克)	0.3
西瓜含有大量水分、糖分,以及豐富的維生素和礦物質,不但能夠消暑解渴,還可以幫助消化、促進新陳代謝。不過吃太多,則容易引起腹瀉、腹痛等腸胃問題。			

草莓

為薔薇科多年生草本植物，屬鹼性水果富含維他命C，其中所含黃酮類的花青素，對人體助益不少。中國傳統認為，草莓性甘涼微酸，有清熱解渴、益氣養血、潤肺止咳、利尿解酒，是美容養顏的好水果。

營養成分 / 每 100g	量	營養成分 / 每 100g	量
熱量（卡）	39	維生素 C(毫克)	66
水分（克）	89	鉀（毫克）	180
維生素 A（IU）	11	纖維質（克）	1.6
草莓的維生素 C 含量相當豐富（大約是蘋果的十倍），還有豐富的有機酸，不但能夠增強孩子的抵抗力，還可以預防感冒、防止牙齦出血、預防泌尿道感染。			

是一種保健良藥。其功能如下：

1. 通便止瀉 - 香蕉有潤腸通便作用，讓腹瀉者吃香蕉，不但可以止瀉，且可補充營養。
2. 改善情緒 - 可以去除悲觀、煩躁的情緒，增平靜、愉快心情。
3. 降壓通脈 - 常吃有效防止血管硬化，防止血中膽固醇和高血壓。
4. 增強對胃壁的保護，防止胃潰瘍。
5. 香蕉性寒，並富含糖分、脾胃虛寒、胃酸過多者宜少吃、慢性腎炎復發者禁食。

香蕉

營養成分 / 每 100g	量	營養成分 / 每 100g	量
熱量（卡）	91	維生素 C(毫克)	10.1
水分（克）	74	鉀（毫克）	290
維生素 A（IU）	8	纖維質（克）	1.6
香蕉可以幫助孩子提高免疫力、改善體質、幫助排泄、改善情緒，還能使皮膚光滑細緻。不過，三歲以下的嬰幼兒，腸胃機能仍不夠強健，並不適合吃太多香蕉。			

蓮霧

富含鈣、磷、鐵、維生素 B₁、B₂、C 等營養成分，多吃蓮霧不但可預防感冒、促進消化，更是瘦身養顏美容聖品。

營養成分 / 每 100g	量	營養成分 / 每 100g	量
熱量（卡）	34	維生素 C(毫克)	17.0
水分（克）	90.6	鉀（毫克）	70
維生素 A（IU）	0	纖維質（克）	1.0
蓮霧富含水分，可以消暑止渴、解熱利尿，而且熱量不高，多吃也不用擔心發胖。而蓮霧也含有相當多的粗纖維，可以促進腸道蠕動，預防孩子便秘的問題。				

蕃茄

含有蛋白質、脂肪、碳水化合物、菸鹼酸、胡蘿蔔素、維生素 B₁、B₂、C 等，其中維生素 C 的含量為西瓜的 10 倍。可以分解脂肪，幫助消化，並可降低膽固醇，預防血管硬化。

營養成分 / 每 100g	量	營養成分 / 每 100g	量
熱量（卡）	15	核黃素（毫克）	0.02
水分（克）	95.9	菸鹼酸（毫克）	0.6
脂肪（克）	0.3	抗壞血酸（毫克）	8
醣類（克）	2.2	胡蘿蔔素（毫克）	0.37
鐵（毫克）	0.8	硫胺素（毫克）	0.03
粗纖維（克）	0.4	鈣（毫克）	8
抑制細菌的物質「蕃茄素」。科學家發現蕃茄中還含有一種抗癌，抗衰老物質「谷胱甘肽」。				

桑椹

桑椹可降低膽固醇、改善脂肪肝，桑椹含有豐富多酚、花青素、類黃酮素，其萃取物，能降低動物的膽固醇、三酸甘油脂，並能改善脂肪肝；桑椹是血液的清道夫，可直接當水果吃，也可以做果醬或釀桑椹酒。定期吃一些桑椹，清血功能更勝紅酒！

營養成分 / 每 100g	量	營養成分 / 每 100g	量
水分（克）	89.8	果糖（克）	0.79
蛋白質（克）	0.5	蘋果酸（克）	2.5
脂肪（克）	0.3	氨基態氮（毫克）	14.0
醣類（克）	10.2	熱量（卡）	56
葡萄糖（克）	0.8		
成熟的桑椹含鈣質、花青素、胡蘿蔔素、亞油酸、維生素 B$_1$、B$_2$、C、鈣質、無機鹽、蘋果酸、鞣質及桑椹油等營養成分。能滋血補血。			

金桔

含有維生素 B、C、鈣、磷、鐵以及蛋白質、醣類：

1. 可化痰止咳、補中解鬱、消食散寒、止渴解酒、除口臭醒酒。
2. 豐富維生素 C 和金桔甘有強化毛細血管的作用，能增強對嚴寒侵襲的抵抗力。
3. 能防治感冒，若寒冷吃些金桔，對防治感冒及併發症有良好的作用。

營養成分 / 每 100g	量	營養成分 / 每 100g	量
熱量（卡）	56	鈣（毫克）	56
水分（克）	85.4	磷（毫克）	15
蛋白質（克）	0.9	鐵（毫克）	0.2
脂肪（克）	0.1	胡蘿蔔素（毫克）	0.55
醣類（克）	12.8	硫胺素（毫克）	0.08
纖維質（克）	0.4	核黃素（毫克）	0.03

葡萄

主要含醣類、蛋白質、脂肪、維他命（A、B_1、B_2、B_{12}、C、E等）、胡蘿蔔素、硫胺素、核黃素、食品纖維素、卵磷脂、菸鹼酸、蘋果酸、檸檬酸、尼克酸等有機成分；另含鈣、磷、鐵、鉀、鈉、鎂、錳等無機成分。根及藤葉含膠質、鞣質、醣類。

營養成分 / 每 100g	量	營養成分 / 每 100g	量
熱量（卡）	57	維生素 C(毫克)	4.0
水分（克）	84.0	鉀（毫克）	120
維生素 A（IU）	0	纖維質（克）	0.6
葡萄含有豐富營養素，包括：醣類、纖維質、有機酸以及多種維生素和礦物質，可以健全腸胃功能，促進食慾、幫助消化，還能預防貧血，增強孩子的體力。			

紅棗

中國的草藥書籍「本經」中記載到，紅棗味甘性溫、歸脾胃經，有補中益氣、養血安神、緩和藥性的功能；而現代的藥理學則發現，紅棗含有蛋白質、脂肪、醣類、有機酸、維生素 A、維生素 C、微量鈣、多種氨基酸等豐富的營養成份。紅棗富含蛋白質、脂肪、醣類、胡蘿蔔素、維生素 B 群、維生素 C、維生素 P 以及鈣、磷、鐵和環磷酸腺等營養成分。

營養成分 / 每 100g	量	營養成分 / 每 100g	量
熱量（卡）	250	鈣（毫克）	54
水分（克）	3.28	鉀（毫克）	185
維生素 E（IU）	0.19	纖維質（克）	9.5
紅棗能提高體內單核—吞噬細胞系統的吞噬功能，有保護肝臟，增強體力的作用。			

花生

含有水分、蛋白質、脂肪、醣類，維生素 A、B_6、E、K、及礦物質、鈣、磷、鐵等營養成分，可提供八種人體所需的氨基酸及不飽和脂肪酸、卵磷脂、膽鹼、胡蘿蔔素、粗纖維等有利人體健康的物質，富含單元不飽和脂肪酸，不含膽固醇，含有膳食纖維，是天然的低鈉食物。花生裏富含維生素 E、葉酸、煙酸、B_1、鎂、鉀、銅、鋅和鐵等許多必須微量營養素，具有降血脂，預防心血管病之功效。

營養成分 / 每 100g	量	營養成分 / 每 100g	量
熱量（卡）	585	飽和脂肪（毫克）	6.89
蛋白質（克）	23.68	鈣（毫克）	54
醣類（克）	4.18	銅（毫克）	0.67
脂肪（克）	49.66	鐵（毫克）	2.26
鉀（毫克）	658	鎂（毫克）	176
纖維質（克）	8	錳（毫克）	2.08

黑木耳

味甘氣平，有滋養、益胃、活血、潤燥的功效，適用於痔瘡出血、便血、痢疾、貧血、高血壓、便秘等症，也可治療腰腿麻木、疼痛等症。國外科學家發現，木耳能減低血液凝塊，有防止冠心病的作用。

營養成分 / 每 100g	量	營養成分 / 每 100g	量
蛋白質（克）	10.6	磷（毫克）	201
脂肪（克）	0.2	鐵（毫克）	185
醣類（克）	66	熱量（卡）	39
鈣（毫克）	357		

白木耳

含有十七種氨基酸、纖維素、無機鹽、多種維生素等營養成分。含有豐富的磷，對大腦皮質和神經系統有調節作用，鉀、鈣對心臟維持正常收縮非常重要。 白木耳中的多糖類（葡聚糖），具有增加身體免疫力、抑制腫瘤細胞以及降低血液膽固醇的功能。

營養成分 / 每 100g	量	營養成分 / 每 100g	量
水分（克）	10.06	水溶性無機物（微克）	2.47
脂肪（克）	0.75	不溶性無機物（微克）	3.80
纖維（克）	12.91	磷（毫克）	10.14
蛋白質（克）	10.04	熱量（卡）	35
醣類（克）	8.35		

芋頭

1. 富含蛋白質、鈣、磷、鐵、鉀、鎂、鈉、維生素 C、維生素 B 群等多種成分，所含的礦物質中，氟的含量較高，具有潔齒防齲、保護牙齒的作用。
2. 其豐富的營養價值，能增強人體的免疫功能，可作為防治癌瘤的常用藥膳主食。在癌症手術或術後放療、化療等康復過程中，有輔助治療的作用。
3. 含一種黏液蛋白，人體吸收後能產生免疫球蛋白，可提高機體的抵抗力。
4. 為鹼性食品，能中和體內積存的酸性物質，調整人體的酸鹼平衡，產生美容養顏、烏黑頭髮的作用，還可用來防治胃酸過多。
5. 含有豐富的黏液皂素及多種微量元素，可幫助機體糾正微量元素缺乏導致的生理異常，同時能增進食慾，幫助消化。

營養成分 / 每 100g	量	營養成分 / 每 100g	量
蛋白質（克）	2.2	磷（毫克）	51
醣類（克）	17.5	水分（克）	76.7
鈣（毫克）	19	熱量（卡）	128

番薯

1. 番薯含大量粘蛋白，是一種由膠原和粘多糖類物質組成的混合物，對人體有特殊的保護作用。它能預防心血管系統的脂肪沉積，保持動脈血管彈性，阻止動脈粥樣硬化過早發生，還能防止肝臟和腎臟中結締組織的萎縮，預防膠原病的發生，保持消化道、呼吸道及關節腔的滑潤。

2. 許多臨床應用證明，多吃番薯可以減低血漿膽固醇的含量，並使皮下脂肪減少，防止過度肥胖，由於它體積大、飽感突出，相對而言，不會形成過食。

營養成分 / 每100g	量	營養成分 / 每100g	量
維生素 C（毫克）	30	醣類（克）	29
菸鹼酸（毫克）	0.7	磷（毫克）	0.12
鈣（毫克）	18	熱量（卡）	124
蛋白質（克）	2.3	維生素 B_2（毫克）	0.04

馬鈴薯

含有澱粉、蛋白質、磷、鐵、無機鹽、多種維生素，兼具蔬菜、糧食雙重優點。在馬鈴薯的全部營養物質中，澱粉含量佔第一位，其次是蛋白質。馬鈴薯的蛋白質屬於完全蛋白質，能很好地為人體所吸收，它所含的維生素 C 比去皮的蘋果高一倍。

營養成分 / 每100g	量	營養成分 / 每100g	量
水分（克）	79.9	磷（毫克）	64
蛋白質（克）	2.3	鐵（毫克）	1.2
脂肪（克）	0.1	胡蘿蔔素（毫克）	0.01
醣類（克）	16.6	硫胺素（毫克）	0.10
熱量（卡）	81	核黃素（毫克）	0.03
粗纖維（克）	0.3	尼克酸（毫克）	0.4
灰分（克）	0.8	抗壞血酸（毫克）	10
鈣（毫克）	11		

紫米

屬全穀類，富含澱粉、維生素 B 群、維生素 E、鐵質、膳食纖維及植物性化合物等，較精製白米、白麵的營養價值高。 紫米素有米中極品之稱，屬糯米類，他有滋陰補腎，健脾暖肝，明目活血的作用。 紫米含有人體需要的四種氨基酸成分，蛋白質含量也比一般稻米高出許多，外殼比一般的糯米多了一層花青素，是很好的抗氧化劑來源，能延緩老化。 五穀米：市面上販售的五穀米是由糙米、小米、黑糯米、蕎麥、燕麥等五種穀類組合而成，主要成分為蛋白質、醣類、多種維生素、礦物質、氨基酸、微量元素、纖維質、酵素等。

營養成分 / 每 100g	量	營養成分 / 每 100g	量
熱量（卡）	395	必需胺基酸（毫克）	3280
蛋白質（克）	10.73	纖維質（克）	76.8
脂肪（克）	1.2	鐵（毫克）	31

薏仁屬於主食類，其功效：

1. 預防心血管疾病：可降低膽固醇及三酸甘油脂，並預防高血脂症的高血壓、中風、心血管疾病以及心臟病；降血脂：含有豐富的水溶性纖維，可以藉由吸附膽鹽（負責消化脂肪），使腸道對脂肪的吸收率變差，進而降低血脂肪。

薏仁

2. 促進新陳代謝：可以促進體內血液和水分的新陳代謝，所以有利尿、消水腫等作用，並可幫助排便，因此可以幫助減輕體重；美白肌膚：富含蛋白質，可以協助消除斑點，使肌膚較白晰，若長期飲用，還可以達到滋潤肌膚的功效唷！

營養成分 / 每 100g	量	營養成分 / 每 100g	量
熱量（卡）	397.1	脂肪（克）	11
水分（克）	12.8	澱粉（克）	59.5
蛋白質（克）	14.2	纖維質（克）	1.2
含有豐富蛋白質以及油脂、維生素 B_1、維生素 B_2、鈣、磷、鐵及纖維素。			

黑豆

一種天然的防老抗衰食物，具有醫療食療特殊功能。其蛋白質含量高達百分之三十六至四十，相當於肉類含量的兩倍、雞蛋的三倍、牛奶的十二倍；黑豆的十八種氨基酸含量豐富，特別是人體必須的八種氨基酸含量，較美國 FDA 規定的高級蛋白質標準還高。黑豆含有百分之十九的油脂，其中不飽和脂肪酸達百分之八十，吸收率高達九成五以上，除了能滿足人體對脂肪的需求外，還有降低血液中膽固醇的作用。

營養成分 / 每 100g	量	營養成分 / 每 100g	量
熱量（卡）	381	灰分（克）	45
蛋白質（克）	36	鈣（毫克）	370
脂肪（克）	18	磷（毫克）	557
醣類（克）	33	鐵（毫克）	12
纖維質（克）	10	維他命 E（毫克）	20.6

綠豆

含豐富的維他命 A、B、C，有退燥熱，降血壓的作用，綠豆稱得上是「高蛋白、高纖、低脂、高鉀」的健康食品，對於想減重，有高血壓、糖尿病、高血脂、便秘等文明病的人而言，多多食用可預防癌症。

營養成分 / 每 100g	量	營養成分 / 每 100g	量
蛋白質（克）	2.3	維生素 A（IU）	101
醣類（克）	3.4	維生素 B_1（毫克）	0.09
纖維素（克）	0.7	維生素 B_2（毫克）	0.07
脂肪（克）	1.1	維生素 C（毫克）	23.7
鈣（毫克）	10.5	水分（克）	93.1
鉀（毫克）	180	熱量（卡）	320
磷（毫克）	48.8	鈉（毫克）	2.0
鐵（毫克）	0.6		

黑芝麻

營養成份主要為脂肪，約佔一半，蛋白質、醣類、膳食纖維的含量也很豐富。芝麻並含有豐富的維生素 B 群、E 與鎂、鉀、鋅及多種微量礦物質。

1. 強化血管的作用。
2. 促進發育、預防貧血。
3. 滋補神經，潤養腦髓。
4. 助消化，防潰瘍的作用。
5. 美容通便，防止頭髮脫落變白。
6. 保護心臟防老作用。

營養成分 / 每100g	量	營養成分 / 每100g	量
蛋白質（克）	21.9	膳食纖維（克）	16.8
脂肪（克）	61.7	熱量（卡）	660
鈣（毫克）	1456	醣類（克）	6.8
含有卵磷脂和維生素 B_1、B_2、尼克酸等。芝麻的美容保健，它的多元不飽和脂肪酸約佔 45%，單元不飽和脂肪酸約佔 40%，飽和脂肪酸只佔 10%。因此它反而有利於血脂肪的調控，芝麻最主要的脂肪酸是亞麻油酸。			

小米

營養價值高，單位熱量、蛋白質及脂肪，含量均高於小麥粉及稻米。營養價值部份，鈣、鐵、磷、胡蘿蔔素每 100 公克含 0.019mg，含纖維素 8.6%，僅低於燕麥，接近糙米，且具有特殊粒色及食味，以現在營養觀點而言，為一上好健康食品，經常食用健康益壽。

營養成分 / 每100g	量	營養成分 / 每100g	量
蛋白質（克）	11	醣類（克）	71.9
脂肪（克）	2.5	熱量（卡）	360
膳食纖維（克）	1.85		

蕎麥

蕎麥為蓼科植物蕎麥的種子，是一種極具營養價值的穀類食物。

據研究報告，蕎麥對心腦血管有保護作用。蕎麥中含有豐富的維生素 P，也叫檸檬素，此種物質可以增強血管壁的彈性、韌度和致密性，故具有保護血管的作用。 蕎麥中又含有大量的黃酮類化合物，尤其富含蘆丁，能促進細胞增生，並可防止血細胞的凝集，還有調節血脂、擴張冠狀動脈並增加其血流量等作用。故常吃蕎麥對防治高血壓、冠心病、動脈硬化及血脂異常症等很有好處。

營養成分 / 每 100g	量	營養成分 / 每 100g	量
熱量（卡）	351	脂肪（克）	1.3
水分（克）	15	纖維質（克）	0.4
蛋白質（克）	7.3	醣類（克）	50
含有蛋白質、脂肪、澱粉、氨基酸、維生素 B_1、B_2、P、蘆丁、總黃酮、鈣、磷、鐵、鎂、鉻等，營養成分十分豐富。			

燕麥

燕麥的功用：

1. 降低血膽固醇。
2. 控制血糖。
3. 改善便秘。
4. 促進傷口癒合。
5. 預防更年期障礙。
6. 預防骨質疏鬆。
7. 具降膽固醇和降血脂的作用。

營養成分 / 每 100g	量	營養成分 / 每 100g	量
蛋白質（克）	15	鉀（毫克）	214
脂肪（克）	6.7	鈉（毫克）	3.7
醣類（克）	61.6	鈣（毫克）	186
膳食纖維（克）	5.3	鎂（毫克）	177
鐵（毫克）	7	熱量（卡）	340
維他命 E（毫克）	3.07		

糙米

糙米含有豐富的蛋白質、脂肪、礦物質和維他命 B_1、B_2；它所含的鈣，是精白米含量的兩倍；一百公克糙米含有一公克的纖維素；而同量的精白米只含有零點三公克而已。 糙米營養新觀點：能排泄體內的有毒物質、輔助其他營養素的吸收、培育對人體有益的細菌、合成維他命、防便秘及預防食道癌及大腸癌、增加消化系統的吸收功能、降低血脂肪和膽固醇，預防高血壓功效、改善肥胖、使尿素氮（BUN）正常化、使血糖值正常化、預防腳氣病、預防老化及改善生殖機能的功效。

營養成分 / 每 100g	量	營養成分 / 每 100g	量
蛋白質（克）	0.6	鉀（毫克）	160
脂肪（克）	0.2	磷（毫克）	280
醣類（克）	20	鈣（毫克）	21
膳食纖維（克）	74.3	熱量（卡）	340

五穀米

優點：

市面上所販售的五穀米主要是以全穀類為成分，常見的有糙米、小米、蕎麥、燕麥等組合而成。穀類含有豐富的營養，包括澱粉、蛋白質、維生素 B 群、維生素 E、礦物質（如鎂、鋅、鈣、銅、硒）以及纖維素，全穀類比精製穀類更有飽足感，也很建議需要體重控制者食用，其所含的纖維素具有通便功效，也可以降低冠心病和某些癌症的罹患率。

營養成分 / 每 100g	量	營養成分 / 每 100g	量
蛋白質（克）	22	膳食纖維（克）	74.3
脂肪（克）	1	鈉（毫克）	12
醣類（克）	65	熱量（卡）	350

黃豆

黃豆含 34.3% 蛋白質及 17.5% 油脂。蛋白質中含有米麵蛋白中最缺乏的離氨酸，和米麵共食，有氨基酸互補效果，使攝取的蛋白質成為優質蛋白質。黃豆所含油脂是以人體必需的亞麻油酸及次亞麻油酸為主，含豐富的維生素、礦物質及膳食纖維。除營養素外，黃豆含有的異黃酮類等植物性化學物質有助於捕捉自由基，減輕婦女更年期症狀。※ 選購黃豆分：非基因改造之豆子較鬆軟香甜，價格較高；基因改造之豆子較硬沒有豆香，價格較低。

營養成分 / 每 100g	量	營養成分 / 每 100g	量
水分（克）	10.2	鈣（毫克）	367
蛋白質（克）	36.3	鐵（毫克）	11.0
脂肪（克）	18.4	胡蘿蔔素（毫克）	220
醣類（克）	25.3	硫胺素（毫克）	0.79
熱量（卡）	359	核黃素（毫克）	0.25
粗纖維（克）	15.5	尼克酸（毫克）	2.1

紅豆

紅豆對於腎臟、心臟、腳氣病等形成的水腫具有改善的效果，這主要是來自於其所含皂角化合物的功效。紅豆是非常適合女性的食物，其鐵質含量相當豐富，具有很好的補血功能。不管是針對懷孕婦女、產後缺乳情形的改善，或是一般女性經期時不適症狀的紓解，時常喝一碗熱呼呼的紅豆湯，都能發揮調經通乳的功效。但必須注意的是，最好不要與湯圓、粉圓等甜食混合吃，因為這樣的熱量會過高，但可以加一點紅糖，會具有暖身的效果。

營養成分 / 每 100g	量	營養成分 / 每 100g	量
熱量（卡）	310	蛋白質（克）	21.3
水分（克）	14.5	鈣（毫克）	83
脂肪（克）	14.5	鐵（毫克）	6.1
醣類（克）	56.6	維他命 B_1（毫克）	0.34
灰質（克）	3.5	維他命 B_2（毫克）	0.26
纖維（克）	3.7	菸鹼酸（毫克）	2.1

青花椰菜

含維生素 A、C、B$_1$、鈣、鐵、硒（Selenium）與 sulforaphane（又稱蘿蔔硫素或異硫氰酸鹽）。

青花椰菜是對抗癌症威力最強大的武器，特別是肺癌、胃癌、結腸癌和直腸癌。此外，青花椰菜也可以提高免疫系統的能力，降低白內障的發生率，強化心血管的健康，強化骨骼，防止先天缺陷與畸形。青花椰菜是目前已知含營養素密度最高的食物之一，但是卡路里卻非常低；也是素食鐵質的絕佳來源。

營養成分 / 每100g	量	營養成分 / 每100g	量
熱量（卡）	23	纖維質（克）	2.2
水分（克）	15	醣類（克）	23
蛋白質（克）	7.3	維生素 C（毫克）	73
脂肪（克）	0.2		

甜菜根

甜菜根富含維生素 C 和維生素 A：天然的綜合維他命：天然紅色維他命 B$_{12}$ 及鐵質，是婦女與素食者補血的最佳天然營養品，保肝降血脂、幫助平穩血糖，具有抑制血中脂肪、協助肝臟細胞再生與解毒功能，幫助消化、均衡營養。

營養成分 / 每100g	量	營養成分 / 每100g	量
蛋白質（克）	1.5	熱量（卡）	31
鉀（毫克）	259	維生素 E（毫克）	1.85
磷（毫克）	18	鈣（毫克）	56
葉酸（克）	53.2	鈉（毫克）	20.8
纖維素（克）	1.5	硒（微克）	0.29
醣類（克）	8.5	維生素 C（毫克）	8

牛蒡

可促進腸胃蠕動、幫助腸內益菌繁殖；含豐富食物纖維，可增強新陳代謝。

營養成份：牛蒡含豐富的蛋白質、脂肪、碳水化合物（菊糖、牛蒡糖與寡糖）、礦物質及維他命 C 與 B 群，營養價值高。牛蒡所含的寡糖及膳食纖維，可健胃整腸，消脹氣，改善便秘，避免宿便導致毒素吸收，有助直腸癌的預防。

營養成分 / 每100g	量	營養成分 / 每100g	量
熱量（卡）	32	醣類（克）	7.3
脂肪（克）	0.2	膳食纖維（克）	2.2
蛋白質（克）	0.8	維生素 C（毫克）	4

南瓜

含鈷的成分，食用後有補血作用。多食南瓜可有效防治高血壓、糖尿病及肝臟病變，提高人體免疫能力；常吃南瓜，可使大便通暢，肌膚豐美，尤其對女性，有美容作用。南瓜可預防中風，因含有大量的亞麻仁油酸、軟脂酸、硬脂酸等甘油酸，為良質油脂。南瓜自身含有的特殊營養成份可增強機體免疫力，防止血管動脈硬化，具有防癌、美容和減肥作用。

嫩瓜營養成分 / 每100g	量	熟瓜營養成分 / 每100g	量
水分（克）	91.9	水分（克）	97.8
醣類（克）	15.5	醣類（克）	1.3 ~ 5.7
胡蘿蔔素（毫克）	0.57 ~ 2.4	胡蘿蔔素（毫克）	高一倍
蛋白質（克）	0.9	蛋白質（克）	0.7
鉀（毫克）	181	鉀（毫克）	高二倍
熱量（卡）	50	熱量（卡）	60

地瓜葉

◎白地瓜葉：具清血作用、可抗血癌、增強免疫力。
◎紅地瓜葉：利尿、補血、可治療糖尿病。 甘藷葉又名地瓜葉也叫過溝菜，甘藷葉的營養價值很高，不但維生素 A、B$_1$ 與 C 含量高，也含有豐富的蛋白質、單寧與礦物元素（鈣、磷、鐵），這些營養可以去除血液中三酸甘油脂，此外又可降膽固醇，具有防治高血壓、退肝火、利尿等功效；所含的膳食纖維柔細，可促進胃腸蠕動，預防便秘、痔瘡及大腸癌之罹病率。又能促進腸胃蠕動，幫助消化，增加飽食感，具有減少熱量攝取的間接優點，有助於糖尿病患者之血糖控制，多食降低膽固醇，為有益人體之健康蔬菜。

營養成分 / 每100g	量	營養成分 / 每100g	量
熱量（卡）	30	醣類（克）	34.1
脂肪（克）	3.3	膳食纖維（克）	3.1
蛋白質（克）	0.6	維生素 C（毫克）	19

玉米

可降低血液膽固醇濃度並防止其沉積於血管壁。因此，玉米對心臟病、動脈粥樣硬化、高脂血症及高血壓等都有一定的預防作用。 德國著名營養學家拉赫曼教授指出，當今被証實的最有效的 50 多種營養保健物質中，玉米含有 7 種——鈣、維生素、鎂、硒、維生素 E 和脂肪酸，維生素 E 還可促進人體細胞分裂，延緩衰老。

營養成分 / 每100g	量	營養成分 / 每100g	量
蛋白質（克）	85	熱量（卡）	342
脂肪（克）	4.3	鈣（毫克）	22
醣類（克）	72.2	鐵（毫克）	1.6
含維生素 B$_1$、B$_2$、維生素 E、維生素 A（胡蘿蔔素），微量元素硒、鎂等；其胚芽含 52% 不飽和脂肪酸，玉米油富含維生素 E、維生素 A、卵磷脂及鎂等含亞油酸高達 50%。			

以上資料來源摘自行政院衛生署台灣地區食品營養份資料庫

01 高 C 三寶奶昔
High Vitamin C Milk Shake

> 135 卡／ 1 人份

材料

- ❶ 黑豆 ...20g (black bean...20g)
- ❷ 百香果 ...25g (passion fruit...25g)
- ❸ 柳丁 ...5g (orange...5g)
- ❹ 芭樂 ...5g (guava...5g)
- ❺ 葡萄 ...3g (grape...3g)
- ❻ 香草奶昔 ...1T (vanilla milk shake...1T)
- ❼ 草莓奶昔 ...1T (strawberry milk shake...1T)
- ❽ 水 ...250cc (water...250cc)

Point

❶ 打完奶昔 15 分鐘內喝完，避免營養素流失。
❷ 限冷水、冰水或 40℃以下溫水，以免破壞營養素。

作法

1 黑豆須先煮熟備用。

2 將材料 1、2、3、4、5 放入果汁機，先加水 150cc 打 30 秒，再加入 100cc 水及香草奶昔、草莓奶昔，快打 10 秒即可。

Method

1 Cook black bean until soft, please made previously.

2 Combine ingredients 1. 2. 3. 4. 5. in a fruit blender, pour 150cc water and blend for 30 seconds. Pour 100cc water, milk shake vanilla and strawberry; blend in high speed for 10 seconds and ready to serve.

02 夢幻奶昔
Dream Milk Shake

154 卡／1 人份

材料

① 黑豆 ...20g (black bean...20g)

② 香蕉 ...3cm (banana...3cm)

③ 蘋果 ...5g (apple...5g)

④ 芭樂 ...5g (guava...5g)

⑤ 香草奶昔 ...1T (vanilla milk shake...1T)

⑥ 草莓奶昔 ...1T (strawberry milk shake...1T)

⑦ 水 ...250cc (water...250cc)

Point
❶ 打完奶昔 15 分鐘內喝完，避免營養素流失。
❷ 限冷水、冰水或 40℃以下溫水，以免破壞營養素。

作法

1 　黑豆須先煮熟備用。

2 　將材料 1、2、3、4 放入果汁機，先加水 150cc 打 30 秒，再加入 100cc 水及香草奶昔、草莓奶昔，快打 10 秒即可。

Method

1 　Cook black bean until soft, please made previously.

2 　Combine ingredients 1. 2. 3. 4. in a fruit blender, pour 150cc water and blend for 30 seconds. Pour 100cc water, milk shake vanilla and strawberry; blend in high speed for 10 seconds and ready to serve.

03 百香甜心奶昔
Passion Fruit Milk Shake

180 卡／1 人份

材料

① 黃豆 ...20g (soy bean...20g)
② 百香果 ...25g (passion fruit...25g)
③ 蘋果 ...5g (apple...5g)
④ 香蕉 ...3cm (banana...3cm)
⑤ 香草奶昔 ...2T (vanilla milk shake...2T)
⑥ 水 ...250cc (water...250cc)

Point ────────────

❶ 打完奶昔 15 分鐘內喝完，避免營養素流失。
❷ 限冷水、冰水或 40℃以下溫水，以免破壞營養素。

作法

1 黃豆須先煮熟備用。

2 將材料 1、2、3、4 放入果汁機,先加水 150cc 打 30 秒,再加入 100cc 水及香草奶昔,快打 10 秒即可。

Method

1 Cook soy bean until soft, please made previously.

2 Combine ingredients 1. 2. 3. 4. in a fruit blender, pour 150cc water and blend for 30 seconds. Pour 100cc water and milk shake vanilla; blend in high speed for 10 seconds and ready to serve.

04 戀戀風情奶昔
Banana Milk Shake

187 卡／ 1 人份

材料

❶ 黃豆 ...20g (soy bean...20g)

❷ 百香果 ...25g (passion fruit...25g)

❸ 柳丁 ...5g (orange...5g)

❹ 香蕉 ...3cm (banana...3cm)

❺ 草莓奶昔 ...2T (strawberry milk shake...2T)

❻ 水 ...250cc (water...250cc)

Point

❶ 打完奶昔 15 分鐘內喝完，避免營養素流失。

❷ 限冷水、冰水或 40℃以下溫水，以免破壞營養素。

作法

1 黃豆須先煮熟備用。

2 將材料 1、2、3、4 放入果汁機，先加水 150cc 打 30 秒，再加入 100cc 水
及草莓奶昔，快打 10 秒即可。

Method

1 Cook soy bean until soft, please made previously.

2 Combine ingredients 1. 2. 3. 4. in a fruit blender, pour 150cc water and blend for
30 seconds. Pour 100cc water and milk shake strawberry; blend in high speed for
10 seconds and ready to serve.

05 紫相思奶昔
Rice Milk Shake

190 卡／ 1 人份

材料

❶ 十穀紅豆 ...20g (mix grain & red bean...20g)

❷ 蘋果 ...5g (apple...5g)

❸ 香蕉 ...3cm (banana...3cm)

❹ 柳丁 ...5g (orange...5g)

❺ 柳丁皮 ...3g (orange peel...3g)

❻ 草莓奶昔 ...2T (strawberry milk shake...2T)

❼ 水 ...250cc (water...250cc)

Point

❶ 打完奶昔 15 分鐘內喝完，避免營養素流失。

❷ 限冷水、冰水或 40℃以下溫水，以免破壞營養素。

※ 柳橙皮可依個人喜好粗細程度攪打，
　 有些人喜歡有顆粒的感覺。

※ For chewable taste, please do not blend
　 over the orange peel.

作法

1　十穀紅豆須先煮熟備用。

2　將材料 1、2、3、4、5 放入果汁機，先加水 150cc 打 30 秒，再加入
　 100cc 水及草莓奶昔，快打 10 秒即可。

Method

1　Cook mix grain & red bean until soft, please made previously.

2　Combine ingredients 1. 2. 3. 4. 5. in a fruit blender, pour 150cc water and
　 blend for 30 seconds. Pour 100cc water and milk shake strawberry; blend in
　 high speed for 10 seconds and ready to serve.

06 盛夏養生奶昔
Summer Milk Shake

180 卡／1 人份

材料

① 五穀紅豆 ...20g (five grains & red bean...20g)

② 哈密瓜 ...5g (cantalope...5g)

③ 芭樂 ...5g (guava...5g)

④ 綠花菜 ...3g (broccoli...3g)

⑤ 草莓奶昔 ...1T (strawberry milk shake...1T)

⑥ 香草奶昔 ...1T (vanilla milk shake...1T)

⑦ 水 ...250cc (water...250cc)

Point —————————————————————————

❶ 打完奶昔 15 分鐘內喝完，避免營養素流失。

❷ 限冷水、冰水或 40℃以下溫水，以免破壞營養素。

作法

1 五穀紅豆須先蒸熟備用。

2 綠花菜處理乾淨蒸熟。

3 將材料 1、2、3、4 放入果汁機，先加水 150cc 打 30 秒，再加入 100cc 水及草莓奶昔、香草奶昔，快打 30 秒即可。

Method

1 Cook five grains & red bean until soft, please made previously.

2 Trim off and rinse broccoli, cook until soft.

3 Combine ingredients 1. 2. 3. 4. in a fruit blender, pour 150cc water and blend for 30 seconds. Pour 100cc water and milk shake strawberry and vanilla; blend in high speed for 30 seconds and ready to serve.

07 香蓓蕾奶昔
Fragrance Milk Shake

182 卡／1 人份

材料

❶ 五穀紅豆 ...20g (five grains & red bean...20g)

❷ 葡萄 ...5g (grape...5g)

❸ 柳丁 ...5g (orange...5g)

❹ 蘋果 ...5g (apple...5g)

❺ 柳丁皮 ...3g (orange peel...3g)

❻ 草莓奶昔 ...1T (strawberry milk shake...1T)

❼ 香草奶昔 ...1T (vanilla milk shake...1T)

❽ 水 ...250cc (water...250cc)

Point

❶ 打完奶昔 15 分鐘內喝完，避免營養素流失。

❷ 限冷水、冰水或 40℃以下溫水，以免破壞營養素。

作法

1　五穀紅豆須先蒸熟備用。

2　將材料 1、2、3、4、5 放入果汁機，先加水 150cc 打碎，再加入 100cc
水及草莓奶昔、香草奶昔，快打 30 秒即可。

Method

1　Cook five grains & red bean until soft, please made previously.

2　Combine ingredients 1. 2. 3. 4. 5. in a fruit blender, pour 150cc water and blend.
Pour 100cc water and milk shake strawberry and vanilla; blend in high speed for
30 seconds and ready to serve.

08 紅塵戀奶昔
Sweet Beetroots Milk Shake

175 卡／1 人份

材料

❶ 十穀紅豆 ...20g (mix grains & red bean...20g)

❷ 水梨 ...3g (pear...3g)

❸ 香蕉 ...3cm (banana...3cm)

❹ 金桔 ...3g (tangerine...3g)

❺ 甜菜根 ...1g (Beetroot...1g)

❻ 香草奶昔 ...2T (2T vanilla milk shake...2T)

❼ 水 ...250cc (water...250cc)

Point ————————————

❶ 打完奶昔 15 分鐘內喝完，避免營養素流失。

❷ 限冷水、冰水或 40℃以下溫水，以免破壞營養素。

作法

1 十穀紅豆煮熟。

2 將材料 1、2、3、4、5 放入果汁機，加水 150cc 打 30 秒，再加入 100cc 水及香草奶昔打勻即可。

Method

1 Cook mix grains & red bean until soft, please made previously.

2 Combine ingredients 1. 2. 3. 4. 5. in a fruit blender, pour 150cc water and blend. Pour 100cc water and milk shake strawberry and vanilla; blend in high speed for 30 seconds and ready to serve.

09 紫晶迷戀奶昔
Tangerine Milk Shake

165 卡／1 人份

材料

❶ 五穀紅豆 ...20g (five grains & red bean...20g)

❷ 葡萄 ...5g (grape...5g)

❸ 金桔 ...3g (tangerine...3g)

❹ 蘋果 ...5g (apple...5g)

❺ 香草奶昔 ...1T (vanilla milk shake...1T)

❻ 草莓奶昔 ...1T (strawberry milk shake...1T)

❼ 水 ...250cc (water...1T)

Point

❶ 打完奶昔 15 分鐘內喝完，避免營養素流失。

❷ 限冷水、冰水或 40℃以下溫水，以免破壞營養素。

作法

1 五穀紅豆洗淨，泡 30 分鐘蒸熟。

2 將材料 1、2、3、4 放入果汁機，加水 150cc 打 30 秒，再加入 100cc 水及香草奶昔、草莓奶昔，打均勻即可。

Method

1 Rinse mix grains & red bean and soak for 30 minutes; then steam until soft.

2 Combine ingredients 1. 2. 3. 4. in a fruit blender, pour 150cc water and blend for 30 seconds. Pour 100cc water and milk shake strawberry and vanilla, blend well and ready to serve.

10 幸福奶昔
Happiness Milk Shake

170 卡／1 人份

材料

❶ 十穀紅豆 ...20g (mix grains & red bean...20g)
❷ 木瓜 ...2g (papaya...2g)
❸ 葡萄 ...2g (grape...2g)
❹ 甜柿 ...3g (sweet persimmon...3g)
❺ 香草奶昔 ...2T (vanilla milk shake...2T)
❻ 水 ...250cc (water...250cc)

Point

❶ 打完奶昔 15 分鐘內喝完，避免營養素流失。
❷ 限冷水、冰水或 40℃以下溫水，以免破壞營養素。

作法

1 十穀紅豆洗淨，泡 30 分鐘蒸熟。

2 將材料 1、2、3、4 放入果汁機，先加水 150cc 打 30 秒，再加入 100cc 水
   及香草奶昔打均勻即可。

Method

1 Rinse mix grains & red bean and soak for 30 minutes; then steam until soft.

2 Combine ingredients 1. 2. 3. 4. in a fruit blender, pour 150cc water and blend for 30
   seconds. Pour 100cc water and milk shake vanilla, blend well and ready to serve.

11 黑薔薇奶昔
Black Rose Milk Shake

155 卡／1 人份

材料

❶ 黑豆 ...20g (black bean...20g)

❷ 甜柿 ...3g (sweet persimmon...3g)

❸ 蘋果 ...5g (apple...5g)

❹ 哈密瓜 ...5g (cantalope...5g)

❺ 香草奶昔 ...1T (vanilla milk shake...1T)

❻ 巧克力奶昔 ...1T (chocolate milk shake...1T)

❻ 水 ...250cc (water...250cc)

Point ———————————————

❶ 打完奶昔 15 分鐘內喝完，避免營養素流失。

❷ 限冷水、冰水或 40℃以下溫水，以免破壞營養素。

作法

1 黑豆洗淨,泡 3 小時蒸熟。

2 將材料 1、2、3、4 放入果汁機,先加水 150cc 打 30 秒,再加入 100cc 水及香草奶昔、巧克力奶昔打均勻即可。

Method

1 Rinse black bean and soak for 3 hours; then steam until soft.

2 Combine ingredients 1. 2. 3. 4. in a fruit blender, pour 150cc water and blend for 30 seconds. Pour 100cc water and milk shake vanilla and chocolate, blend well and ready to serve.

12 夏威夷香草奶昔
Hawaii Vanilla Milk Shake

165 卡／ 1 人份

材料

① 黑豆 ...20g (black bean...20g)

② 南瓜 ...20g (pumpkin...20g)

③ 小蕃茄 ...3g (baby tomato...3g)

④ 紅蘿蔔 ...2g (carrots...2g)

⑤ 蘇打餅 ...2g (soda cracker...2g)

⑥ 香草奶昔 ...2T (vanilla milk shake...2T)

⑦ 水 ...250cc (water...250cc)

Point

❶ 打完奶昔 15 分鐘內喝完，避免營養素流失。

❷ 限冷水、冰水或 40℃以下溫水，以免破壞營養素。

作法

1　黑豆洗淨，泡 3 小時蒸熟；南瓜連皮蒸熟。

2　將材料 1、2、3、4、5 放入果汁機，先加水 150cc 打 30 秒，再加入 100cc 水及香草奶昔打均勻即可。

Method

1　Rinse black bean and soak for 3 hours; then steam until soft.

2　Combine ingredients 1. 2. 3. 4. 5. in a fruit blender, pour 150cc water and blend for 30 seconds. Pour 100cc water and milk shake vanilla, blend well and ready to serve.

13 紫晶蝶奶昔
Purplr Butterfly Milk Shake

155 卡／1 人份

材料

❶ 黃豆 ...20g (soy bean...20g)

❷ 甜柿 ...3g (sweet perismmon...3g)

❸ 蘋果 ...5g (apple...5g)

❹ 甜菜根 ...1g (beetroots...1g)

❺ 香蕉 ...3cm (banana...3cm)

❻ 香草奶昔 ...2T (vanilla milk shake...2T)

❼ 水 ...250cc (water...250cc)

Point

❶ 打完奶昔 15 分鐘內喝完，避免營養素流失。

❷ 限冷水、冰水或 40°C以下溫水，以免破壞營養素。

作法 Method

1 黃豆煮熟。

2 將材料 1、2、3、4、5 放入果汁機，先加水 150cc 打 30 秒，再加入 100cc 水及香草奶昔打均勻即可。

1 Cook soy bean until soft.

2 Combine ingredients 1. 2. 3. 4. 5. in a fruit blender, pour 150cc water and blend for 30 seconds. Pour 100cc water and milk shake vanilla, blend well and ready to serve.

14 纖活茄香奶昔
Tomato Milk Shake

165 卡／1 人份

材料

❶ 黃豆 ...20g (soy bean...20g)

❷ 蘋果 ...5g (apple...5g)

❸ 小蕃茄 ...3g (baby tomato...3g)

❹ 香蕉 ...3cm (banana...3cm)

❺ 紅蘿蔔 ...1g (carrots...1g)

❻ 草莓奶昔 ...1T
(sttrawberry milk shake...1T)

❼ 香草奶昔 ...1T
(vanilla milk shake...1T)

❽ 水 ...250cc (water...250cc)

Point

❶ 打完奶昔 15 分鐘內喝完，避免營養素流失。

❷ 限冷水、冰水或 40℃以下溫水，以免破壞營養素。

作法 Method

1 黃豆煮熟備用。

2 將材料 1、2、3、4、5 放入果汁機，先加水 150cc 打 30 秒，再加入 100cc 水及草莓奶昔、香草奶昔打均勻即可。

1 Cook soy bean until soft.

2 Combine ingredients 1. 2. 3. 4. 5 in a fruit blender, pour 150cc water and blend for 30 seconds. Pour 100cc water and milk shake vanilla and strawberry, blend well and ready to serve.

15 雲淡飄香奶昔
Light Milk Shake

160 卡／1 人份

材料

❶ 黃豆 ...20g (soy bean...20g)

❷ 蘋果 ...5g (apple...5g)

❸ 香蕉 ...3cm (banana...3cm)

❹ 小蕃茄 ...2g (baby tomato...2g)

❺ 香草奶昔 ...2T
(vanilla milk shake...2T)

❻ 水 ...250cc (water...250cc)

Point ─────────

❶ 打完奶昔 15 分鐘內喝完，避免營養素流失。

❷ 限冷水、冰水或 40℃以下溫水，以免破壞營養素。

作法 Method

1 黃豆煮熟備用。

2 將材料 1、2、3、4 放入果汁機，先加水 150cc 打 30 秒，再加入 100cc 水及香草奶昔打均勻即可。

1 Cook soy bean until soft.

2 Combine ingredients 1. 2. 3. 4. in a fruit blender, pour 150cc water and blend for 30 seconds. Pour 100cc water and milk shake vanilla, blend well and ready to serve.

16 翡翠森林奶昔
Jade Forest Milk Shake

178 卡／1 人份

材料

❶ 黃豆 …20g (soy bean…20g)

❷ 地瓜葉…20g (sweet potato leaves…20g)

❸ 香蕉 …3cm (banana…3cm)

❹ 蘋果 …5g (apple…5g)

❺ 香草奶昔 …2T
   (vanilla milk shake…2T)

❻ 水 …250cc (water…250cc)

Point

❶ 打完奶昔 15 分鐘內喝完，避免營養素流失。

❷ 限冷水、冰水或 40℃以下溫水，以免破壞營養素。

作法 Method

1 黃豆洗淨，泡 3 小時煮熟。

2 將材料 1、2、3、4 放入果汁機，先加水 150cc 打 30 秒，再加入 100cc
水及香草奶昔打均勻即可。

1 Rinse soy bean and soak for 3 hours; the cook until soft.

2 Combine ingredients 1. 2. 3. 4. in a fruit blender, pour 150cc water and blend for 30
seconds. Pour 100cc water and milk shake vanilla, blend well and ready to serve.

19 愛情釀的奶昔
Affair Milk Shake

165 卡／ 1 人份

材料

❶ 黃豆 ...20g (soy bean...20g)

❷ 甜柿 ...3g (sweet perismmon...3g)

❸ 黑木耳 ...1g (black fungus...1g)

❹ 甜菜根 ...1g (beetroots...1g)

❺ 檸檬 ...1g (lemon...1g)

❻ 香草奶昔 ...1.5T (vanilla milk shake...1.5T)

❼ 草莓奶昔 ...0.5T (strawberry milk shake...0.5T)

❽ 水 ...250cc (water...250cc)

Point ───────────────

❶ 打完奶昔 15 分鐘內喝完，避免營養素流失。

❷ 限冷水、冰水或 40℃以下溫水，以免破壞營養素。

作法

1 黃豆洗淨浸泡 3 小時，蒸熟。

2 將材料 1、2、3、4、5 放入果汁機，先加水 150cc 打 30 秒，再加入 100cc 水及香草奶昔、草莓奶昔打均勻即可。

Method

1 Rinse soy bean and soak for 3 hours; the cook until soft.

2 Combine ingredients 1. 2. 3. 4. 5 in a fruit blender, pour 150cc water and blend for 30 seconds. Pour 100cc water and milk shake vanilla and strawberry; blend well and ready to serve.

20 陽光森林奶昔
Sunny Forest Milk Shake

165 卡／ 1 人份

材料

1. 黃豆 ...20g (soy bean...20g)
2. 地瓜葉 ...20g (sweet potato leaves...20g)
3. 甜柿 ...2g (sweet perismmon...2g)
4. 小蕃茄 ...3g (baby tomato...3g)
5. 香草奶昔 ...1T (vanilla milk shake...1T)
6. 草莓奶昔 ...1T (strawberry milk shake...1T)
7. 水 ...250cc (water...250cc)

Point

① 打完奶昔 15 分鐘內喝完，避免營養素流失。

② 限冷水、冰水或 40℃以下溫水，以免破壞營養素。

作法

1 黃豆洗淨浸泡 3 小時後，蒸熟；地瓜葉川燙後，泡冰水。

2 將材料 1、2、3、4 放入果汁機，加水 150cc 打 30 秒，再加入 100cc 水及香草奶昔、草莓奶昔打均勻即可。

Method

1 Rinse soy bean and soak for 3 hours; the cook until soft. Blanch sweet potato leaves and transfer into ice water.

2 Combine ingredients 1. 2. 3. 4. in a fruit blender, pour 150cc water and blend for 30 seconds. Pour 100cc water and milk shake vanilla and strawberry; blend well and ready to serve.

21 漂亮菲菲奶昔
Pretty Milk Shake

125 卡／1 人份

材料

❶ 南瓜 ...20g (pumpkin...20g)

❷ 甜柿 ...5g (sweet perismmon...5g)

❸ 木瓜 5g (pumpkin...5g)

❹ 綠花菜 ...2g (broccoli...2g)

❺ 香草奶昔 ...2T (vanilla milk shake...2T)

❻ 水 ...250cc (water...250cc)

Point

❶ 打完奶昔 15 分鐘內喝完，避免營養素流失。

❷ 限冷水、冰水或 40℃以下溫水，以免破壞營養素。

作法

1 南瓜連皮蒸熟。

2 將材料 1、2、3、4 放入果汁機，先加水 150cc 打 30 秒，再加入 100cc 水及香草奶昔打均勻即可。

Method

1 Steam pumpkin with rind until soft.

2 Combine ingredients 1. 2. 3. 4. in a fruit blender, pour 150cc water and blend for 30 seconds. Pour 100cc water and milk shake vanilla; blend well and ready to serve.

22 春漾檸檬奶昔
Spring Lemon Milk Shake

130 卡／1 人份

材料

❶ 白木耳 ...20g (white fungus...20g)

❷ 蘋果 ...5g (apple...5g)

❸ 小黃瓜 ...2g (cucumber...2g)

❹ 紅蘿蔔 ...2g (carrots...2g)

❺ 檸檬 ...1g (lemon...1g)

❻ 香草奶昔 ...1.5T (vanilla milk shake...1.5T)

❼ 草莓奶昔 ...0.5T (strawberry milk shake...0.5T)

❽ 水 ...250cc (water...250cc)

Point ─────────────────────

❶ 打完奶昔 15 分鐘內喝完，避免營養素流失。

❷ 限冷水、冰水或 40℃以下溫水，以免破壞營養素。

作法

1 白木耳處理後蒸熟。

2 將材料 1、2、3、4、5 放入果汁機，先加水 150cc 打 30 秒，再加入 100cc 水及香草奶昔、草莓奶昔打均勻即可。

Method

1 Rinse white fungus and steam until soft.

2 Combine ingredients 1. 2. 3. 4. 5. in a fruit blender, pour 150cc water and blend for 30 seconds. Pour 100cc water and milk shake vanilla and strawberry; blend well and ready to serve.

23 葡鳳飄香奶昔
Grape and Pineaplle Milk Shake

135 卡／1 人份

材料

❶ 白木耳 ...20g (white fungus...20g)

❷ 蘋果 ...5g (apple...5g)

❸ 鳳梨 ...2g (pineapple...2g)

❹ 葡萄 ...2g (grape...2g)

❺ 香草奶昔 ...2T (vanilla milk shake...2T)

❻ 水 ...250cc (water...250cc)

Point

❶ 打完奶昔 15 分鐘內喝完，避免營養素流失。

❷ 限冷水、冰水或 40℃以下溫水，以免破壞營養素。

※ 如果您用一般的果汁機，有
　 籽的葡萄需要切半去籽，否
　 則會影響口感。

※ For regular blender user, please
　 remove the seeds of grape.

作法

1　白木耳處理乾淨蒸熟。

2　將材料 1、2、3、4 放入果汁機，先加水 150cc 打 30 秒，再加入 100cc
　 水及香草奶昔打均勻即可。

Method

1　Rinse white fungus and steam until soft.

2　Combine ingredients 1. 2. 3. 4 in a fruit blender, pour 150cc water and blend for 30
　 seconds. Pour 100cc water and milk shake vanilla; blend well and ready to serve.

24 繽紛香草奶昔
Riot Vanilla Milk Shake

130 卡／1 人份

材料

❶ 白木耳 ...20g (white fungus...20g)

❷ 小黃瓜 ...2g (cucumber...2g)

❸ 青花菜 ...2g (broccoli...2g)

❹ 鳳梨 ...2g (pineapple...2g)

❺ 蘋果 ...5g (apple...5g)

❻ 香草奶昔 ...2T (vanilla milk shake...2T)

❼ 水 ...250cc (water...250cc)

Point

❶ 打完奶昔 15 分鐘內喝完，避免營養素流失。

❷ 限冷水、冰水或 40℃以下溫水，以免破壞營養素。

作法

1 白木耳清洗乾淨，蒸熟；綠花椰菜清洗，川燙一下即可（不可過熟）。

2 將材料 1、2、3、4、5 放入果汁機，先加水 150cc 打 30 秒，再加入 100cc 水及香草奶昔打均勻即可。

Method

1 Rinse white fungus and steam until soft; blanch broccoli quickly. (please do not over cook).

2 Combine ingredients 1. 2. 3. 4. 5. in a fruit blender, pour 150cc water and blend for 30 seconds. Pour 100cc water and milk shake vanilla; blend well and ready to serve.

25 雪天使奶昔
Snow Angle Milk Shake

135 卡／1 人份

材料

1. 白木耳 ...20g (white fungus...20g)
2. 蘋果 ...5g (apple...5g)
3. 鳳梨 ...2g (pineapple...2g)
4. 紅棗（去籽）...1g (seedless...1g)
5. 香草奶昔 ...2T (vanilla milk shake...2T)
6. 水 ...250cc (water...250cc)

Point ——————————————

1. 打完奶昔 15 分鐘內喝完，避免營養素流失。
2. 限冷水、冰水或 40℃以下溫水，以免破壞營養素。

作法

1 白木耳洗淨蒸熟。

2 將材料 1、2、3、4 放入果汁機，先加水 150cc 打 30 秒，再加入 100cc 水及香草奶昔打均勻即可。

Method

1 Rinse white fungus and steam until soft.

2 Combine ingredients 1. 2. 3. 4. in a fruit blender, pour 150cc water and blend for 30 seconds. Pour 100cc water and milk shake vanilla; blend well and ready to serve.

※ 紅棗買去籽的，洗淨後加少許的水，放入電鍋蒸五分鐘，紅棗會吸入水分而變軟。

※ To get a tender date, please steam red date with little water in electricity cooker for 5 minutes.

26 西班牙魔鬼奶昔
Spanish Devil Milk Shake

175 卡／ 1 人份

材料

❶ 五穀紅豆 ...20g (five grains & red bean...20g)

❷ 蘋果 ...5g (apple...5g)

❸ 水梨 ...3g (pear...3g)

❹ 金桔 ...2g (tangerine...2g)

❺ 甜菜根 ...1g (beetroots...1g)

❻ 草莓奶昔 ...2T (strawberry milk shake...2T)

❼ 水 ...250cc (water...250cc)

Point

❶ 打完奶昔 15 分鐘內喝完，避免營養素流失。

❷ 限冷水、冰水或 40℃以下溫水，以免破壞營養素。

作法

1 五穀紅豆洗淨，泡 30 分鐘蒸熟。

2 將材料 1、2、3、4、5 放入果汁機，先加水 150cc 打 30 秒，再加入 100cc 水及草莓奶昔打均勻即可。

Method

1 Rinse and soak five grains red bean for 30 minutes, then steam until soft.

2 Combine ingredients 1. 2. 3. 4. 5 in a fruit blender, pour 150cc water and blend for 30 seconds. Pour 100cc water and milk shake vanilla; blend well and ready to serve.

27 蘇格蘭可可奶昔
Scotland Cocoa Milk Shake

170 卡／ 1 人份

材料

❶ 白木耳 ...20g (white fungus...20g)

❷ 香蕉 ...3cm (banana...3cm)

❸ 葡萄 ...2g (grape...2g)

❹ 威化夾心（巧克力）...3g (chocolate wafer...3g)

❺ 香草奶昔 ...2T (vanilla milk shake...2T)

❻ 水 ...250cc (water...250cc)

Point

❶ 打完奶昔 15 分鐘內喝完，避免營養素流失。

❷ 限冷水、冰水或 40℃以下溫水，以免破壞營養素。

作法

1 白木耳洗淨蒸熟。

2 將材料 1、2、3、4 放入果汁機，先加水 150cc 打 30 秒，再加入 100cc 水、餅乾及香草奶昔打均勻即可。

Method

1 Rinse and steam white fungus until soft.

2 Combine ingredients 1. 2. 3. 4. in a fruit blender, pour 150cc water and blend for 30 seconds. Pour 100cc water and milk shake vanilla; blend well and ready to serve.

※ 亦可加入少量的咖啡粉更有味道。

※ Add few coffe will enhance flavor.

28 慕夏巧克力奶昔
Summer Chocolate Milk Shake

155 卡／1 人份

材料

1. 黑豆 ...20g (black bean...20g)
2. 香蕉 ...3cm (banana...3cm)
3. 蘋果 ...5g (apple...5g)
4. 芭樂 ...3g (guava...3g)
5. 巧克力奶昔 ...1T (chocolate milk shake...1T)
6. 香草奶昔 ...1T (vanilla milk shake...1T)
7. 水 ...250cc (water...250cc)

Point ———————————————————

1. 打完奶昔 15 分鐘內喝完，避免營養素流失。
2. 限冷水、冰水或 40℃以下溫水，以免破壞營養素。

作法

1. 黑豆洗淨蒸熟。
2. 將材料 1、2、3、4 放入果汁機，先加水 150cc 打 30 秒，再加入 100cc 水及香草奶昔、巧克力奶昔打均勻即可。

Method

1. Rinse and steam black bean until soft.
2. Combine ingredients 1. 2. 3. 4. in a fruit blender, pour 150cc water and blend for 30 seconds. Pour 100cc water and milk shake vanilla and chocolate; blend well and ready to serve.

29 活力元氣奶昔
Energy Milk Shake

140 卡／1 人份

材料

❶ 白木耳 ...25g (white fungus...25g)

❷ 紅棗 ...2g (red date...2g)

❸ 當歸錠 ...1g (Angelica sinensis piece...1g)

❹ 香草奶昔 ...1T (vanilla milk shake...1T)

❺ 巧克力奶昔 ...1T (chocolate milk shake...1T)

❻ 水 ...250cc (water...250cc)

Point

❶ 打完奶昔 15 分鐘內喝完，避免營養素流失。

❷ 限冷水、冰水或 40℃以下溫水，以免破壞營養素。

作法

1 白木耳、紅棗各別洗淨蒸熟。

2 當歸錠用 100cc 熱水泡 1 分鐘。

3 將材料 1、2、3 放入果汁機打 30 秒，再加入水 150cc 及香草、巧克力奶昔打均勻即可。

Method

1 Rinse and steam white fungus,red date individually.

2 Soak Angelica sinensis piece in warm water for 1 minute.

3 Combine ingredients 1. 2. 3. in a fruit blender to blend for 30 seconds. Pour 150cc water and milk shake vanilla and chocolate; blend well and ready to serve.

30 東方美人奶昔
Oriental Beauty Milk Shake

133 卡／ 1 人份

材料

① 芋頭 ...20g (taro...20g)

② 蘋果 ...5g (apple...5g)

③ 西瓜 ...15g (watermelon...15g)

④ 草莓奶昔 ...2T (strawberry milk shake...2T)

⑤ 水 ...250cc (water...250cc)

Point

① 打完奶昔 15 分鐘內喝完，避免營養素流失。

② 限冷水、冰水或 40℃以下溫水，以免破壞營養素。

作法

1 芋頭切塊蒸熟。

2 將材料 1、2、3 放入果汁機，先加水 150cc 打 30 秒，再加入 100cc 水及草莓奶昔打均勻即可。

Method

1 Cut taro into pieces and steam until soft.

2 Combine ingredients 1. 2. 3. in a fruit blender, pour 150cc water and blend for 30 seconds. Pour 100cc water and milk shake strawberry; blend well and ready to serve.

31 瓊漿芋露奶昔
Taro Milk Shake

150 卡／1 人份

材料

❶ 芋頭 ...20g (taro...20g)

❷ 甜柿 ...3g (sweet perismmon...3g)

❸ 蘋果 ...5g (apple...5g)

❹ 水梨 ...2g (pear...2g)

❺ 香草奶昔 ...2T
(vanilla milk shake...2T)

❻ 水 ...250cc (water...250cc)

Point

❶ 打完奶昔 15 分鐘內喝完，避免營養素流失。

❷ 限冷水、冰水或 40℃以下溫水，以免破壞營養素。

作法 Method

1 芋頭去皮切塊蒸熟。

2 將材料 1、2、3、4 放入果汁機，先加水 150cc 打 30 秒，再加入 100cc 水及香草奶昔打均勻即可。

1 Cut taro into pieces and steam until soft.

2 Combine ingredients 1. 2. 3. 4. in a fruit blender, pour 150cc water and blend for 30 seconds. Pour 100cc water and milk shake vanilla; blend well and ready to serve.

32 藍色香氣奶昔
Blue Breeze Milk Shake

145 卡／1 人份

材料

❶ 綠豆薏仁 ...20g
  (mung bean & pearl rice...20g)

❷ 小藍莓 ...10g (blueberry...10g)

❸ 蘋果 ...5g (apple...5g)

❹ 香蕉 ...3cm (banana...3cm)

❺ 香草奶昔 ...2T
  (vanilla milk shake...2T)

❻ 水（冰水）...250cc
  (ice water...250cc)

Point

❶ 打完奶昔 15 分鐘內喝完，避免營養素流失。

❷ 限冷水、冰水或 40℃以下溫水，以免破壞營養素。

作法 Method

1　綠豆薏仁洗淨蒸熟。

2　將材料 1、2、3、4 放入果汁機，先加水 150cc 打 30 秒，再加入 100cc 水及 2 匙香草奶昔打均勻即可。

1　Rinse and steam mung bean & pearl rice.

2　Combine ingredients 1. 2. 3. 4. in a fruit blender, pour 150cc water and blend for 30 seconds. Pour 100cc water and 2 tablespoons milk shake vanilla, blend well and ready to serve.

33 綿綿仙果奶昔
Peanut Smoothie Milk Shake

142 卡／1 人份

材料

❶ 花生 ...20g (peanuts...20g)

❷ 蘋果 ...5g (apple...5g)

❸ 水梨 ...5g (pear...5g)

❹ 芭樂 ...3g (guava...3g)

❺ 香草奶昔 ...1.5T
(vanilla milk shake...1.5T)

❻ 巧克力奶昔 ...0.5T
(chocolate milk shake...0.5T)

❼ 水 ...250cc (water...250cc)

Point
❶ 打完奶昔 15 分鐘內喝完，避免營養素流失。
❷ 限冷水、冰水或 40℃以下溫水，以免破壞營養素。

作法 Method

1 花生洗淨蒸熟。

2 將材料 1、2、3、4 放入果汁機，先加水 150cc 打 30 秒，再加入 100cc 水及香草、巧克力奶昔打均勻即可。

1 Rinse and steam peanuts until soft.

2 Combine ingredients 1. 2. 3. 4. in a fruit blender, pour 150cc water and blend for 30 seconds. Pour 100cc water and 2 tablespoons milk shake vanilla, chocolate, blend well and ready to serve.

34 冰雪菲菲奶昔
Peanut & Chocolate Milk Shake

150 卡／1 人份

材料

❶ 五穀花生 ...20g
(five grains peanuts...20g)

❷ 甜柿 ...3g
(sweet perismmon...3g)

❸ 蘋果 ...5g (apple...5g)

❹ 木瓜 ...3g (papaya...3g)

❺ 巧克力奶昔 ...2T
(chocolate milk shake...2T)

❻ 水 ...200cc (water...200cc)

❼ 鮮奶 ...50cc (milk...50cc)

Point —————

❶ 打完奶昔 15 分鐘內喝完，避免營養素流失。

❷ 限冷水、冰水或 40℃以下溫水，以免破壞營養素。

作法 Method

1 五穀花生洗淨蒸熟。

2 將材料 1、2、3、4 放入果汁機，加水 200cc 打 30 秒，再加入巧克力奶昔打均勻。

3 倒入杯中，再將鮮奶從杯緣順式慢慢倒入，2 分鐘後出現自然的漸層，飲用時先攪拌再喝，香濃味美。

1 Rinse and steam five grains peanuts until soft.

2 Combine ingredients 1. 2. 3. 4. in a fruit blender, pour 200cc water and blend for 30 seconds; as chocolate milk shake and blend well, pour mixture into prepared glass along side gently; layer will be show up after 2 minutes. Whisk before enjoy.

35 桑格利奶昔
Mulberry Milk Shake

130 卡／1 人份

材料

❶ 芭樂 …3g (guava…3g)

❷ 蘋果 …5g (apple…5g)

❸ 水梨 …5g (pear…5g)

❹ 金桔 …1g (tangerine…1g)

❺ 桑椹 …4g (mulberry…4g)

❻ 草莓奶昔 …1T
  (strawberry milk shake…1T)

❼ 香草奶昔 …1T
  (vanilla milk shake…1T)

❽ 水 …250cc (water…250cc)

Point

❶ 打完奶昔 15 分鐘內喝完，避免營養素流失。

❷ 限冷水、冰水或 40℃以下溫水，以免破壞營養素。

作法 Method

1 將材料 1、2、3、4、5 放入果汁機，先加水 150cc 打 30 秒、打細，再加桑椹、草莓奶昔、香草奶昔及 100cc 水打勻即可。

1 Combine ingredients 1. 2. 3. 4. 5 in a fruit blender, pour 150cc water and blend for 30 seconds. Add mulberry, strawberry milk shake, vanilla milk shake and 100cc water, blend well and ready to serve.

※ 這杯清爽的水果奶昔，可做下午茶的飲品。

※ The mulberry milk shake tastes light and fresh, highly recommend for tea time drink.

36 天使尤物奶昔
Angel and Beauty Milk Shake

135 卡／1 人份

材料

❶ 南瓜 ...30g (pumpkin...30g)

❷ 蘋果 ...5g (apple...5g)

❸ 仙草蜜...20g (Xian Tsao Mee...20g)

❹ 香草奶昔 ...2T
   (vanilla milk shake...2T)

❺ 水 ...250cc (water...250cc)

Point

❶ 打完奶昔 15 分鐘內喝完，避免營養素流失。

❷ 限冷水、冰水或 40℃以下溫水，以免破壞營養素。

作法 Method

1 南瓜洗淨不去皮，切塊蒸熟。

2 將材料 1、2 放入果汁機，先加水 150cc 打 30 秒，再加入 100cc 水及香草奶昔打均勻即可。

3 仙草蜜切成丁，放入杯中，再倒入奶昔即可；亦可加椰果、布丁、寒天等有顆粒的食材。

1 Cut and steam pumpkin with rind until soft.

2 Combine ingredients 1. 2. in a fruit blender, pour 150cc water and blend for 30 seconds. Pour 100cc water and milk shake vanilla, blend well.

3 Coarsley chop Xian Tsao Mee and put into prepared glass, pour milk shake and ready to enjoy.

37 鳳中奇緣奶昔
Pumpkin and Pineapple Milk Shake

125 卡／1 人份

材料

❶ 南瓜 ...20g (pumpkin...20g)

❷ 鳳梨 ...2g (pineapple...2g)

❸ 水梨 ...5g (pear...5g)

❹ 葡萄 ...1g (grape...1g)

❺ 棗子 ...3g (dates...3g)

❻ 香草奶昔 ...1T (vanilla milk shake...1T)

❼ 草莓奶昔 ...1T (strawberry milk shake...1T)

❽ 水 ...250cc (water...250cc)

Point

❶ 打完奶昔 15 分鐘內喝完，避免營養素流失。

❷ 限冷水、冰水或 40℃以下溫水，以免破壞營養素。

作法

1 南瓜洗淨切塊，不去皮蒸熟。

2 將材料 1、2、3、4、5 放入果汁機，先加水 150cc 打 30 秒，再加入 100cc 水及香草奶昔、草莓奶昔打均勻即可。

Method

1 Cut and steam pumpkin with rind until soft.

2 Combine ingredients 1. 2. 3. 4. 5. in a fruit blender, pour 150cc water and blend for 30 seconds. Pour 100cc water and milk shake vanilla and strawberry, blend well and ready to serve.

38 綠色狂熱奶昔
Green Fever Milk Shake

130 卡／1 人份

材料

① 南瓜 ...20g (pumpkin...20g)
② 鳳梨 ...2g (pineapple...2g)
③ 水梨 ...5g (pear...5g)
④ 葡萄 ...2g (grape...2g)
⑤ 地瓜葉 ...5g (sweet potato leaves...5g)
⑥ 香草奶昔 ...2T (vanilla milk shake...2T)
⑦ 水 ...250cc (water...250cc)

Point

① 打完奶昔 15 分鐘內喝完，避免營養素流失。
② 限冷水、冰水或 40°C以下溫水，以免破壞營養素。

作法

1 南瓜連皮切塊，蒸熟；地瓜葉川燙過後，放入冰水備用。

2 將材料 1、2、3、4、5 放入果汁機，先加水 150cc 打 30 秒，再加入 100cc 水及香草奶昔打均勻即可。

Method

1 Cut and steam pumpkin with rind until soft; blanch sweet potato leaves and transfer into ice water.

2 Combine ingredients 1. 2. 3. 4. 5. in a fruit blender, pour 150cc water and blend for 30 seconds. Pour 100cc water and milk shake vanilla, blend well and ready to serve.

39 金巴利蘇打奶昔鹹口味

Kimberley Milk Shake(salty flavor)

135 卡／1 人份

材料

① 南瓜 ...20g (pumpkin...20g)

② 蘇打餅（義美）...3g (soda cracker...3g)

③ 小蕃茄（熟）...3g (ripe baby tomato...3g)

④ 海苔（原味）...3g (nori...3g)

⑤ 香草奶昔 ...2T (vanilla milk shake...2T)

⑥ 水 ...250cc (water...250cc)

Point

① 打完奶昔 15 分鐘內喝完，避免營養素流失。

② 限冷水、冰水或 40℃以下溫水，以免破壞營養素。

作法

1　南瓜連皮切塊蒸熟；小蕃茄蒸 5 分鐘。

2　將材料 1、2、3、4 放入果汁機，先加水 150cc 打 30 秒，再加入 100cc 水、加入香草奶昔打均勻即可。

Method

1　Cut and steam pumpkin with rind until soft; steam baby tomato for 5 minutes.

2　Combine ingredients 1. 2. 3. 4. in a fruit blender, pour 150cc water and blend for 30 seconds. Pour 100cc water and milk shake vanilla, blend well and ready to serve.

※ 這杯鹹口味的奶昔，風味獨特，香濃好喝，冬天可打溫的，非常棒。

※ This is a salty flavor milk shake, taste unique and warm.

40 愛戀草莓奶昔
Strawberry Lover Milk Shake

140 卡／1 人份

材料

❶ 白木耳 ...20g (white fungus...20g)

❷ 蘇打餅 ...3g (soda cracker...3g)

❸ 小蕃茄 ...2g (baby tomato...2g)

❹ 玉米（罐頭）...5g (corn from can...5g)

❺ 紅蘿蔔 ...3g (carrots...3g)

❻ 香草奶昔 ...1T (vanilla milk shake...1T)

❼ 草莓奶昔 ...1T (strawberry milk shake...1T)

❽ 水 ...250cc (water...250cc)

Point

❶ 打完奶昔 15 分鐘內喝完，避免營養素流失。

❷ 限冷水、冰水或 40℃以下溫水，以免破壞營養素。

作法

1 白木耳、小蕃茄、紅蘿蔔洗淨蒸熟。

2 將材料 1、2、3、4、5 放入果汁機，先加水 150cc 打 30 秒，再加入 100cc 水、香草奶昔打均勻即可。

Method

1 Rinse and steam white fungus, baby tomato and carrots until soft.

2 Combine ingredients 1. 2. 3. 4. 5. in a fruit blender, pour 150cc water and blend for 30 seconds. Pour 100cc water and milk shake vanilla, blend well and ready to serve.

※ 這杯奶昔濃郁順口，像玉米花的味道。

※ This milk shake tastes thickness and smooth, similar to pop corns.

41 金色的夢奶昔鹹口味
Golden Dream Milk Shake(salty flavor)

135 卡／1 人份

材料

① 小蕃茄 ...2g (baby tomato...2g)

② 玉米（罐頭）...5g (corn from can...5g)

③ 蘇打餅 ...3g (soda cracker...3g)

④ 鮪魚（水煮罐頭）...2g (little tuna from can...2g)

⑤ 香草奶昔 ...2T (vanilla milk shake...2T)

⑥ 優質蛋白粉 ...1T (quality egg white powder...1T)

⑦ 水 ...250cc (water...250cc)

Point ────────────────────

❶ 打完奶昔 15 分鐘內喝完，避免營養素流失。

❷ 限冷水、冰水或 40℃以下溫水，以免破壞營養素。

作法

1 將材料1、2、3、4放入果汁機，先加水150cc打30秒，再加入100cc熱水、香草奶昔、優質蛋白粉打均勻即可。

Method

1 Combine ingredients 1. 2. 3. 4. in a fruit blender, pour 150cc water and blend for 30 seconds. Pour 100cc hot water, milk shake vanilla and egg white powder, blend well and ready to serve.

─────────────────────────────────

※ 鮪魚只是調味作用，不宜太多。

※ Please do not add too much tuna to spoil this drink.

42 瓜瓜奇蹟奶昔

Pumpkin and Vanilla Milk Shake

125 卡／1 人份

材料

❶ 南瓜 ...20g (pumpkin...20g)

❷ 甜柿 ...3g (sweet perismmon...3g)

❸ 蘋果 ...5g (apple...5g)

❹ 蘇打餅 ...3g (soda cracker...3g)

❺ 香草奶昔 ...2T (vanilla milk shake...2T)

❻ 水 ...250cc (water...250cc)

Point —————————————————

❶ 打完奶昔 15 分鐘內喝完，避免營養素流失。

❷ 限冷水、冰水或 40℃以下溫水，以免破壞營養素。

作法

1　南瓜連皮蒸熟。

2　將材料 1、2、3、4 放入果汁機，先加水 150cc 打 30 秒，再加入 100cc 水、香草奶昔打均勻即可。

Method

1　Steam pumpkin with rind until soft.

2　Combine ingredients 1. 2. 3. 4. in a fruit blender, pour 150cc water and blend for 30 seconds. Pour 100cc hot water and milk shake vanilla, blend well and ready to serve.

43 彩虹之戀奶昔
Rainbow Affair Milk Shake

185 卡／1 人份

材料

❶ 五穀紅豆 ...20g (five grains & red bean...20g)

❷ 蘋果 ...5g (apple...5g)

❸ 香蕉 ...3cm (banana...3cm)

❹ 金桔 ...2g (tangerine...2g)

❺ 甜菜根 ...2g (beetroots...2g)

❻ 香草奶昔 ...2T (vanilla milk shake...2T)

❼ 水 ...250cc (water...250cc)

Point

❶ 打完奶昔 15 分鐘內喝完，避免營養素流失。

❷ 限冷水、冰水或 40℃以下溫水，以免破壞營養素。

作法

1 五穀紅豆蒸熟。

2 將材料 1、2、3、4、5 放入果汁機，先加水 150cc 打 30 秒，再加入 100cc 水、香草奶昔打均勻即可。

Method

1 Steam five grains and red bean until soft.

2 Combine ingredients 1. 2. 3. 4. 5. in a fruit blender, pour 150cc water and blend for 30 seconds. Pour 100cc water and milk shake vanilla, blend well and ready to serve.

44 奇異乳果奶昔
Kiwi Milk Shake

170 卡／1 人份

材料

① 酪梨 ...20g (avocado...20g)

② 香蕉（帶皮）...3cm (banana with rind...3cm)

③ 甜柿 ...3g (sweet perismmon...3g)

④ 奇異果 ...2g (kiwi...2g)

⑤ 香草奶昔 ...2T (vanilla milk shake...2T)

⑥ 水 ...250cc (water...250cc)

Point —————————————————

❶ 打完奶昔 15 分鐘內喝完，避免營養素流失。

❷ 限冷水、冰水或 40℃以下溫水，以免破壞營養素。

作法

1　將材料 1、2、3、4 放入果汁機，先加水 150cc 打 30 秒，再加入 100cc 水、
　香草奶昔打均勻即可。

Method

1　Combine ingredients 1. 2. 3. 4. in a fruit blender, pour 150cc water and blend for 30
　seconds. Pour 100cc water and milk shake vanilla, blend well and ready to serve.

45 洛世奇奶昔
Roski Milk Shake

163 卡／1 人份

材料

❶ 酪梨 ...20g (avocado...20g)

❷ 香蕉 ...3cm (banana...3cm)

❸ 奇異果 ...2g (kiwi...2g)

❹ 葡萄 ...2g (grape...2g)

❺ 草莓奶昔 ...2T
(strawberry milk shake...2T)

❻ 水 ...250cc (water...250cc)

Point ─────────────────────

❶ 打完奶昔 15 分鐘內喝完，避免營養素流失。

❷ 限冷水、冰水或 40℃以下溫水，以免破壞營養素。

─────────────────────

作法

1　將材料 1、2、3、4 放入果汁機，加水 150cc 打 30 秒，再加 100cc 水及草莓奶昔打均勻即可。

Method

1　Combine ingredients 1. 2. 3. 4. in a fruit blender, pour 150cc water and blend for 30 seconds. Pour 100cc water and milk shake strawberry, blend well and ready to serve.

46 夜迷離奶昔
Good Night Milk Shake

135 卡／1 人份

材料

❶ 地瓜 ...20g (sweet potato...20g)

❷ 蘋果 ...5g (apple...5g)

❸ 紅棗 ...2g (red date...2g)

❹ 黑芝麻 ...3g (black sesame...3g)

❺ 香草奶昔 ...2T (vanilla milk shake...2T)

❻ 水 ...250cc (water...250cc)

Point

❶ 打完奶昔 15 分鐘內喝完，避免營養素流失。

❷ 限冷水、冰水或 40℃以下溫水，以免破壞營養素。

作法

1 地瓜洗淨去皮蒸熟，新鮮的可以連皮一起蒸。

2 將材料 1、2、3、4 放入果汁機，先加水 150cc 打 30 秒，再加入 100cc 水及香草奶昔打均勻即可。

Method

1 Rinse sweet potato and peel off rind, steam sweet potato until soft.(or steam with rind if sweet potato is fresh enough.

2 Combine ingredients 1. 2. 3. 4. in a fruit blender, pour 150cc water and blend for 30 seconds. Pour 100cc water and milk shake vanilla, blend well and ready to serve.

47 傾城之魅奶昔
Sweet Potato Milk Shake

138 卡／1 人份

材料

① 地瓜 ...20g (sweet potato...20g)

② 黑木耳 ...10g (black fungus...10g)

③ 蘋果 ...5g (apple...5g)

④ 葡萄 ...4g (grape...4g)

⑤ 香草奶昔 ...1T (vanilla milk shake...1T)

⑥ 草莓奶昔 ...1T (strawberry milk shake...1T)

⑦ 水 ...250cc (water...250cc)

Point

① 打完奶昔 15 分鐘內喝完，避免營養素流失。

② 限冷水、冰水或 40℃以下溫水，以免破壞營養素。

作法

1 地瓜、黑木耳洗淨蒸熟。

2 將材料 1、2、3、4 放入果汁機，先加水 150cc 打 30 秒，再加入 100cc 水、香草奶昔、草莓奶昔打均勻即可。

Method

1 Rinse and steam sweet potato, black fungus until soft.

2 2 Combine ingredients 1. 2. 3. 4. in a fruit blender, pour 150cc water and blend for 30 seconds. Pour 100cc water, milk shake vanilla and strawberry, blend well and ready to serve.

48 愛戀山桑奶昔
Oatmeal and Red Bean Milk Shake

143 卡／1 人份

材料

❶ 燕麥紅豆 ...20g (oatmeal & red bean...20g)
❷ 香蕉 ...3cm (banana...3cm)
❸ 小蕃茄 ...4g (babay tomato...4g)
❹ 桑椹 ...4g (mulberry...4g)
❺ 香草奶昔 ...1T (vanilla milk shake...1T)
❻ 草莓奶昔 ...1T (strawberry milk shake...1T)
❼ 水 ...250cc (water...250cc)

Point ——————————————

❶ 打完奶昔 15 分鐘內喝完，避免營養素流失。
❷ 限冷水、冰水或 40℃以下溫水，以免破壞營養素。

作法

1 燕麥片、紅豆先蒸熟。

2 將材料 1、2、3、4 放入果汁機，加水 150cc 打 30 秒，再加入 100cc 水、香草奶昔、草莓奶昔打均勻即可。

Method

1 Steam oatmeal and red bean until soft.

2 Combine ingredients 1. 2. 3. 4. in a fruit blender, pour 150cc water and blend for 30 seconds. Pour 100cc water, milk shake vanilla and strawberry, blend well and ready to serve.

49 含情脈脈奶昔
Sweet Potato and Banana Milk Shake

140 卡／ 1 人份

材料

① 地瓜 ...20g (sweet potato...20g)

② 香蕉 ...3cm (banana...3cm)

③ 綠花菜 ...1g (broccolli...1g)

④ 小蕃茄 ...5g (baby tomato...5g)

⑤ 香草奶昔 ...1T
(vanilla milk shake...1T)

⑥ 草莓奶昔 ...1T
(strawberry milk shake...1T)

⑦ 水 ...250cc (water...250cc)

Point

❶ 打完奶昔 15 分鐘內喝完，避免營養素流失。

❷ 限冷水、冰水或 40℃以下溫水，以免破壞營養素。

作法 Method

1 地瓜連皮蒸熟。

2 將材料 1、2、3、4 放入果汁機，先加水 150cc 打 30 秒，再加入 100cc 水、香草奶昔、草莓奶昔打均勻即可。

1 Steam sweet potato with rind until soft.

2 Combine ingredients 1. 2. 3. 4. in a fruit blender, pour 150cc water and blend for 30 seconds. Pour 100cc water, milk shake vanilla and strawberry, blend well and ready to serve.

50 神風元氣奶昔
Black Bean Energy Milk Shake

178 卡／1 人份

材料

① 黑豆 ...20g (black bean...20g)
② 芭樂 ...3g (guava...3g)
③ 葡萄 ...4g (grape...4g)
④ 牛蒡 ...2g (roots...2g)
⑤ 香草奶昔 ...1T
(vanilla milk shake...1T)
⑥ 巧克力奶昔 ...1T
(chocolate milk shake...1T)
⑦ 水 ...250cc (water...250cc)

Point

① 打完奶昔 15 分鐘內喝完，避免營養素流失。
② 限冷水、冰水或 40℃以下溫水，以免破壞營養素。

作法 Method

1 黑豆洗淨，浸泡 3 小時後蒸熟。

2 將材料 1、2、3、4 放入果汁機，先加水 150cc 打 30 秒，再加入 100cc 水、香草奶昔、巧克力奶昔打均勻即可。

1 Soak black bean for 3 hours and steam until soft.

2 Combine ingredients 1. 2. 3. 4. in a fruit blender, pour 150cc water and blend for 30 seconds. Pour 100cc water, milk shake vanilla and chocolate, blend well and ready to serve.

51 玉冰晶奶昔
Ice Crystal Milk Shake

180 卡／1 人份

材料

❶ 五穀綠豆 ...20g
   (five grains & mung beans...20g)

❷ 鳳梨 ...2g (pineapple...2g)

❸ 蘋果 ...5g (apple...5g)

❹ 桑葚 ...3g (mulberry...3g)

❺ 巧餅奶昔 ...2T
   (chao cracker milk shake...2T)

❻ 水 ...250cc (water...250cc)

Point

❶ 打完奶昔 15 分鐘內喝完，避免營養素流失。

❷ 限冷水、冰水或 40℃以下溫水，以免破壞營養素。

作法 Method

1　五穀綠豆洗淨，泡 1 小時蒸熟。

2　將材料 1、2、3、4 放入果汁機，加水 150cc 打 30 秒，再加入 100cc 水及巧餅奶昔打均勻即可。

1　Soak five grains and mung bean for 1 hour, then steam until soft.

2　Combine ingredients 1. 2. 3. 4 in a fruit blender, pour 150cc water and blend for 30 seconds. Pour 100cc water, and milk shake chao cracker, blend well and ready to serve.

※ 猶如芋頭冰淇淋的口味，香濃好喝。

※ This milk shake tastes similar to taro ice cream.

52 福滿溢奶昔
Full Lucky Milk Shake

145 卡／1 人份

材料

❶ 燕麥片 ...20g (oatmeal...20g)

❷ 木瓜 ...3g (papaya...3g)

❸ 蘋果 ...5g (apple...5g)

❹ 香瓜 ...2g (cantalope...2g)

❺ 巧餅奶昔 ...1T
(chao cracker milk shake...1T)

❻ 巧克力奶昔 ...1T
(chocolate milk shake...1T)

❼ 水 ...250cc (water...205cc)

Point
❶ 打完奶昔 15 分鐘內喝完，避免營養素流失。
❷ 限冷水、冰水或 40℃以下溫水，以免破壞營養素。

作法 Method

1 燕麥片加水蒸熟。

2 將材料 1、2、3、4 放入果汁機，先加水 150cc 打 30 秒，再加入 100 cc 水及巧餅、巧克力奶昔打均勻即可。

1 Steam oatmeal with water until soft.

2 Combine ingredients 1. 2. 3. 4. in a fruit blender, pour 150cc water and blend for 30 seconds. Pour 100cc water, chao cracker and milk shake chocolate, blend well and ready to serve.

53 夢幻果漾奶昔
Dream Fruit Milk Shake

145 卡／1 人份

材料

1. 紫地瓜 ...20g
   (purple sweet potato...20g)
2. 鳳梨 ...3g (pineapple...3g)
3. 甜菜根 ...2g (beetroots...2g)
4. 蕃茄 ...1g (tomato...1g)
5. 巧餅奶昔 ...1T
   (chao cracker milk shake...1T)
6. 普卡香草奶昔 ...1T
   (puka vanilla milk shake...1T)
7. 水 ...250cc (water...250cc)

Point

1. 打完奶昔 15 分鐘內喝完，避免營養素流失。
2. 限冷水、冰水或 40℃以下溫水，以免破壞營養素。

作法 Method

1 紫地瓜連皮蒸熟。

2 將材料 1、2、3、4 放入果汁機，先加水 150cc 打 30 秒，再加入 100cc 水及巧餅、香草奶昔打均勻即可。

1 Steam purple sweet potato with rind until soft.

2 Combine ingredients 1. 2. 3. 4. in a fruit blender, pour 150cc water and blend for 30 seconds. Pour 100cc water, chao cracker and milk shake vanilla, blend well and ready to serve.

※ 美麗色彩令人垂涎欲滴。
※ The beautiful color really attractive.

54 神奇森林奶昔
Magic Forest Milk Shake

175 卡／1 人份

材料

① 五穀綠豆 ...20g
   (five grains & mung bean...20g)

② 鳳梨 ...3g (pineapple...3g)

③ 蘋果 ...5g (apple...5g)

④ 蕃茄 ...1g (tomato...1g)

⑤ 地瓜葉...5g (sweet potato leaves...5g)

⑥ 柳橙皮 ...2g (orange rind...2g)

⑦ 巧餅奶昔 ...2T
   (chao cracker milk shake...2T)

⑧ 水 ...250cc (water...250cc)

Point

❶ 打完奶昔 15 分鐘內喝完，避免營養素流失。

❷ 限冷水、冰水或 40℃以下溫水，以免破壞營養素。

作法 Method

1 五穀綠豆洗淨，泡 1 小時蒸熟。

2 將材料 1、2、3、4、5、6 放入果汁機，先加水 150cc 打 30 秒，再加入 100cc 水及巧餅奶昔打均勻即可。

1 Soak five grains and mung bean for 1 hour, then steam until soft.

2 Combine ingredients 1. 2. 3. 4. 5. 6 in a fruit blender, pour 150cc water and blend for 30 seconds. Pour 100cc water, milk shake chao cracker, blend well and ready to serve.

55 清涼爽口奶昔
Cool and refreshing milkshakes

134 卡／1 人份

材料

❶ 香蕉 ...3cm (banana...3cm)

❷ 西瓜 ...15g (watermelon ...15g)

❸ 薄荷巧克力奶昔 ...2T (mint chocolate flavor milk shake...2T)

❹ 水 ...250cc (water... 250cc)

Point

❶ 打完奶昔 15 分鐘內喝完，避免營養素流失。

❷ 限冷水、冰水或 40℃以下溫水，以免破壞營養素。

作法

1 先在果汁機內放 250cc 冷水或溫水。

2 加入兩大匙薄荷巧克力奶昔。

3 再加入香蕉及西瓜。

4 蓋緊蓋子後啟動果汁機，打 90 秒即可完成。

Method

1 Put 250cc cold or warm water in a blender.

2 Add two tablespoons mint chocolate milkshake.

3 Add watermelon 15g and banana 3cm.

4 Start the blender lid tightly after playing 90 seconds to complete.

56 戀愛清爽奶昔
Love fresh milkshake

139 卡／1 人份

材料

① 香蕉 ...3cm (banana...3cm)

② 奇異果 ...2g (kiwi 2g)

③ 薄荷巧克力奶昔 ...2T (mint chocolate flavor milk shake...2T)

④ 水 ...250cc (water...250cc)

Point

❶ 打完奶昔 15 分鐘內喝完，避免營養素流失。

❷ 限冷水、冰水或 40℃以下溫水，以免破壞營養素。

作法

1 先在果汁機內放 250 cc 冷水或溫水。

2 加入兩大匙薄荷巧克力奶昔。

3 再加入香蕉及奇異果。

4 蓋緊蓋子後啟動果汁機，打 90 秒即可完成。

Method

1 Put 250 cc cold or warm water in a blender.

2 Add two tablespoons mint chocolate milkshake.

3 Then add banana 3cm and kiwi 2g.

4 Start the blender lid tightly after playing 90 seconds to complete.

57 淡淡薄香奶昔
Health milkshake

145 卡／1 人份

材料

1. 香蕉 ...3cm (banana...3cm)
2. 燕麥 ...1T (oatmeal...1T)
3. 薄荷巧克力奶昔 ...2T (mint chocolate flavor milk shake...2T)
4. 水 ...250cc (water...250cc)

Point

1. 打完奶昔 15 分鐘內喝完，避免營養素流失。
2. 限冷水、冰水或 40°C以下溫水，以免破壞營養素。

作法

1 先在果汁機內放 250cc 冷水或溫水。

2 加入兩大匙薄荷巧克力奶昔。

3 再加入香蕉及燕麥。

4 蓋緊蓋子後啟動果汁機,打 90 秒即可完成。

Method

1 Put 250 cc cold or warm water in a blender.

2 Add two tablespoons mint chocolate milkshake.

3 Then add banana 3cm and 1 tablespoon of oatmeal.

4 Start the blender lid tightly after playing 90 seconds to complete.

58 神清氣爽奶昔
Refreshing milkshake

146 卡／1 人份

材料

1. 香蕉 ...3cm (banana...3cm)
2. 蘋果 ...5g (apple...5g)
3. 薄荷巧克力奶昔 ...2T (mint chocolate flavor milk shake...2T)
4. 水 ...250cc (water...250cc)

Point —————————————————
1. 打完奶昔 15 分鐘內喝完，避免營養素流失。
2. 限冷水、冰水或 40℃以下溫水，以免破壞營養素。

作法

1 先在果汁機內放 250cc 冷水或溫水。

2 加入兩大匙薄荷巧克力奶昔。

3 再加入香蕉及蘋果。

4 蓋緊蓋子後啟動果汁機,打 90 秒即可完成。

Method

1 First put 250 cc cold or warm water in a blender.

2 Add two tablespoons mint chocolate milkshake.

3 Then add apple 5g and banana 3cm.

4 Start the blender lid tightly after playing 90 seconds to complete.

愛上奶昔 / 黃淑馨著 .-- 一版 .-- 新北市：優品文化事業有
限公司，2021.10；128 面；17x23 公分 .--（加油讚；1）
ISBN 978-986-5481-15-5（平裝）
1. 飲料

427.46   110015201

加油讚 1

愛上奶昔

作　　　者	黃淑馨
總　編　輯	薛永年
主任編輯	Serena
美術總監	馬慧琪
文字編輯	蔡欣容、吳亦萱
美術編輯	黃頌哲

出 版 者　優品文化事業有限公司
　　　　　地址：新北市新莊區化成路 293 巷 32 號
　　　　　電話：(02) 8521-2523 ／ 傳真：(02) 8521-6206
　　　　　信箱：8521service@gmail.com（如有任何疑問請聯絡此信箱洽詢）

印　　刷　鴻嘉彩藝印刷股份有限公司

業務副總　林啓瑞 0988-558-575

總 經 銷　大和書報圖書股份有限公司
　　　　　地址：新北市新莊區五工五路 2 號
　　　　　電話：(02) 8990-2588 ／ 傳真：(02) 2299-7900

網路書店　www.books.com.tw 博客來網路書店

出版日期　2021 年 10 月
版　　次　一版一刷
定　　價　250 元

上優好書網

FB 粉絲專頁

LINE 官方帳號

Youtube 頻道

Printed in Taiwan

書若有破損缺頁，請寄回本公司更換
本書版權歸優品文化事業有限公司所有・翻印必究